Forschung und Praxis

Band 165

Berichte aus dem
Fraunhofer-Institut für Produktionstechnik
und Automatisierung (IPA), Stuttgart,
Fraunhofer-Institut für Arbeitswirtschaft
und Organisation (IAO), Stuttgart,
Institut für Industrielle Fertigung und
Fabrikbetrieb der Universität Stuttgart und
Institut für Arbeitswissenschaft und
Technologiemanagement, Universität Stuttgart

Herausgeber: H. J. Warnecke und H.- J. Bullinger

Elmar Degenhart

Strömungstechnische Auslegung reinraumtauglicher Fertigungseinrichtungen

Mit 72 Abbildungen

Springer-Verlag
Berlin Heidelberg New York
London Paris Tokyo
Hong Kong Barcelona
Budapest 1992

Dipl.-Ing. Elmar Degenhart

Fraunhofer-Institut für Produktionstechnik und Automatisierung (IPA), Stuttgart

Prof. Dr.-Ing. Dr. h. c. Dr.-Ing. E. h. H. J. Warnecke

o. Professor an der Universität Stuttgart
Fraunhofer-Institut für Produktionstechnik und Automatisierung (IPA), Stuttgart

Prof. Dr.-Ing. habil. Dr. h. c. H.-J. Bullinger

o. Professor an der Universität Stuttgart
Fraunhofer-Institut für Arbeitswirtschaft und Organisation (IAO), Stuttgart

D 93

ISBN-13: 978-3-540-55478-3   e-ISBN-13: 978-3-642-47949-6
DOI: 10.1007/978-3-642-47949-6

Gesamtherstellung: Copydruck GmbH, Heimsheim
62/3020-6 5 4 3 2 1 0

Geleitwort der Herausgeber

Futuristische Bilder werden heute entworfen:

o Roboter bauen Roboter,

o Breitbandinformationssysteme transferieren riesige Datenmengen in
  Sekunden um die ganze Welt.

Von der "menschenleeren Fabrik" wird da gesprochen und vom "papierlo-
sen Büro". Wörtlich genommen muß man beides als Utopie bezeichnen,
aber der Entwicklungstrend geht sicher zur "automatischen Fertigung"
und zum "rechnerunterstützten Büro". Forschung bedarf der Perspektive,
Forschung benötigt aber auch die Rückkopplung zur Praxis - insbesondere im Bereich der Produktionstechnik und der Arbeitswissenschaft.

Für eine Industriegesellschaft hat die Produktionstechnik eine Schlüs-
selstellung. Mechanisierung und Automatisierung haben es uns in den
letzten Jahren erlaubt, die Produktivität unserer Wirtschaft ständig
zu verbessern. In der Vergangenheit stand dabei die Leistungssteigerung
einzelner Maschinen und Verfahren im Vordergrund. Heute wissen wir, daß
wir das Zusammenspiel der verschiedenen Unternehmensbereiche stärker
beachten müssen. In der Fertigung selbst konzipieren wir flexible Fer-
tigungssysteme, die viele verkettete Einzelmaschinen beinhalten. Dort,
wo es Produkt und Produktionsprogramm zulassen, denken wir intensiv
über die Verknüpfung von Konstruktion, Arbeitsvorbereitung, Fertigung
und Qualitätskontrolle nach. Rechnerunterstützte Informationssysteme
helfen dabei und sollen zum CIM (Computer Integrated Manufacturing)
führen und CAD (Computer Aided Design) und CAM (Computer Aided Manufacturing) vereinen. Auch die Büroarbeit wird neu durchdacht und mit
Hilfe vernetzter Computersysteme teilweise automatisiert und mit den
anderen Unternehmensfunktionen verbunden. Information ist zu einem
Produktionsfaktor geworden, und die Art und Weise, wie man damit umgeht,
wird mit über den Unternehmenserfolg entscheiden.

Der Erfolg in unseren Unternehmen hängt auch in der Zukunft entscheidend von den dort arbeitenden Menschen ab. Rationalisierung und Automatisierung müssen deshalb im Zusammenhang mit Fragen der Arbeitsgestal-
tung betrieben werden, unter Berücksichtigung der Bedürfnisse der Mitarbeiter und unter Beachtung der erforderlichen Qualifikationen. Investitionen in Maschinen und Anlagen müssen deshalb in der Produktion wie
im Büro durch Investitionen in die Qualifikation der Mitarbeiter be-
gleitet werden. Bereits im Planungsstadium müssen Technik, Organisation
und Soziales integrativ betrachtet und mit gleichrangigen Gestaltungs-
zielen belegt werden.

Von wissenschaftlicher Seite muß dieses Bemühen durch die Entwicklung
von Methoden und Vorgehensweisen zur systematischen Analyse und Verbesserung des Systems Produktionsbetrieb einschließlich der erforderlichen Dienstleistungsfunktionen unterstützt werden. Die Ingenieure
sind hier gefordert, in enger Zusammenarbeit mit anderen Disziplinen,
z. B. der Informatik, der Wirtschaftswissenschaften und der Arbeitswissenschaft, Lösungen zu erarbeiten, die den veränderten Randbedingungen
Rechnung tragen.

Beispielhaft sei hier an den großen Bereich der Informationsverarbei-
tung im Betrieb erinnert, der von der Angebotserstellung über Konstruktion und Arbeitsvorbereitung, bis hin zur Fertigungssteuerung und Qualitätskontrolle reicht. Beim Materialfluß geht es um die richtige Aus-

wahl und den Einsatz von Fördermitteln sowie Anordnung und Ausstattung
von Lagern. Große Aufmerksamkeit wird in nächster Zukunft auch der
weiteren Automatisierung der Handhabung von Werkstücken und Werkzeu-
gen sowie der Montage von Produkten geschenkt werden.

Von der Forschung muß in diesem Zusammenhang ein Beitrag zum Einsatz
fortschrittlicher intelligenter Computersysteme erfolgen. Planungs-
prozesse müssen durch Softwaresysteme unterstützt und Arbeitsbedingun-
gen wissenschaftlich analysiert und neu gestaltet werden.

Die von den Herausgebern geleiteten Institute, das

- Institut für Industrielle Fertigung und Fabrikbetrieb der Universität
  Stuttgart (IFF),

- Fraunhofer-Institut für Produktionstechnik und Automatisierung (IPA),

- Fraunhofer-Institut für Arbeitswirtschaft und Organisation (IAO)

arbeiten in grundlegender und angewandter Forschung intensiv an den
oben aufgezeigten Entwicklungen mit. Die Ausstattung der Labors und
die Qualifikation der Mitarbeiter haben bereits in der Vergangenheit
zu Forschungsergebnissen geführt, die für die Praxis von großem
Wert waren. Zur Umsetzung gewonnener Erkenntnisse wird die Schriftenreihe "IPA-IAO - Forschung und Praxis" herausgegeben. Der vorliegende
Band setzt diese Reihe fort. Eine Übersicht über bisher erschienene
Titel wird am Schluß dieses Buches gegeben.

Dem Verfasser sei für die geleistete Arbeit gedankt, dem Springer-
Verlag für die Aufnahme dieser Schriftenreihe in seine Angebotspa-
lette und der Druckerei für saubere und zügige Ausführung. Möge das
Buch von der Fachwelt gut aufgenommen werden.

H. J. Warnecke · H.-J. Bullinger

Vorwort

Die vorliegende Arbeit entstand während meiner Tätigkeit als wissenschaftlicher Mitarbeiter am Fraunhofer-Institut für Produktionstechnik und Automatisierung (IPA), Stuttgart. Die Untersuchungen wurden anteilig mit Mitteln des Bundesministeriums für Forschung und Technologie (BMFT), Projektträgerschaft "Halbleiterfertigungsgeräte" gefördert.

Mein besonderer Dank gilt dem Leiter des Instituts, Herrn Professor Dr.-Ing. H.-J. Warnecke, für seine großzügige Unterstützung und Förderung, die entscheidend zur erfolgreichen Durchführung dieser Arbeit beigetragen haben.

Herrn Professor Dr.-Ing. H. Bach danke ich für die Übernahme des Mitberichtes, für die eingehende Durchsicht und für die wertvollen Hinweise, die sich daraus ergaben.

Aus dem großen Kreis der Kollegen am Institut, die mich durch ihre Mitarbeit und anregende Kritik unterstützt haben, möchte ich die Herren Dr.-Ing. J. Geißinger, Dipl.-Ing. J. Schließer, Dr.-Ing. M. Schweizer, P. Baumbusch und Prof. Dr.-Ing. R.-D. Schraft besonders erwähnen.

Ihnen allen gilt mein herzlicher Dank.

Stuttgart, Januar 1992

Elmar Degenhart

Inhaltsverzeichnis

Abkürzungen und Formelzeichen

a		außen
A	m^2	Fläche
A_F	%	relative freie Lochfläche
b		Bogenlänge
B	m	Breite
c	m/s	Geschwindigkeit
$\bar{c}$	m/s	Mittelwert der Geschwindigkeit
c_D		Widerstandsbeiwert
c_{si}	m/s	Sinkgeschwindigkeit
d	m	Durchmesser
e	m	Sehnenlänge
erf		erforderlich
f	Hz	Frequenz
F		Fluid
g	m/s^2	Erdbeschleunigung
ges		gesamt
H	m	Höhe
i		innen
I		zeitgemittelte Intensität
I_1		über s gemittelte Intensität
L	m	Länge
m		Anzahl der Messungen
M		Mittelpunkt
max		Maximalwert
min		Minimalwert
n	1/s	Drehzahl
N		Spiegelanzahl
p	N/m^2, Pa	statischer Druck
P		Partikel
P_L	W	maximale Laserlichtleistung
q	N/m^2, Pa	dynamischer Druck
R	m	Radius
Re		Reynolds Zahl

RR		Reinraum
s		Gauß'scher Strahlradius
s_C	m/s	Scangeschwindigkeit
$\overline{s}_C$	m/s	Mittelwert der Scangeschwindigkeit
S		Spalt
Sc		Schnittebene
Sp		Spiegel
t	s	Zeit
T	°C	Temperatur
T_L		Teilung
Tu, Tu^*	%	Turbulenzgrad
Tu_m, Tu_m^*	%	Median des Turbulenzgrades
U_∞	m/s	Anströmgeschwindigkeit
u, v, w	m/s	Geschwindigkeitskomponenten in den drei Achs-richtungen des raumfesten Koordinatensystems
$\overline{u}, \overline{v}, \overline{w}$	m/s	zeitliche Mittelwerte der Geschwindigkeits-komponenten
u', v', w'	m/s	Schwankungskomponenten der Geschwindigkeit
$\dot{V}$	m^3/s	Volumenstrom
W	m	Lochweite bei Lochblechen
x, y, z	m	Koordinaten des raumfesten Systems
α	Grad	Scanwinkel Facettenscanner
β	Grad	Basiswinkel Facettenscanner
ϵ	m	Exzentrizität
δ	rad	Projektionswinkel
η	kg/ms	dynamische Zähigkeit
ν	m^2/s	kinematische Zähigkeit
Θ	rad	Reflexionswinkel
$\overline{\Theta}$	rad	Reflexionsfeldmitte
ω	1/s	Winkelgeschwindigkeit
π		Kreiskonstante
ρ	kg/m^3	Dichte
σ		Standardabweichung
τ	s	Relaxationszeit
ζ		Druckverlustbeiwert

1 Einleitung

1.1 Problemstellung

Die Entstehung der Reinraumtechnik ist maßgeblich auf die hohen Zuverlässig-keitsanforderungen an die Produkte der Raumfahrttechnik gegen Ende der 50er Jahre in den USA zurückzuführen /1, 2/. Gestiegene Anforderungen an die Produktionsqualität auf den Gebieten der Mikroelektronik /3, 4/, der Pharmazie /5, 6/, der Medizintechnik /7/, der Lebensmittelindustrie /8, 9/, der Optik und der Feinwerktechnik führten seitdem zu einer starken Zunahme der Bedeutung der Reinraumtechnik. Heute ist die Halbleitertechnologie, die, verglichen mit anderen Einsatzgebieten, eine relativ junge Entwicklung darstellt, zukunftsweisend für die Entwicklung der Reinraumtechnik /10, 11, 12/. Strukturgrößen kleiner 0,5 μm, größere Chipflächen und eine steigende Anzahl von Prozeßschritten führen zu immer höheren Qualitätsansprüchen hinsichtlich der zulässigen Partikelzahl und Partikelgröße /13, 14/.

Um die erforderliche Fertigungsqualität zu erzielen wird angestrebt, die Produkte während des Fertigungszyklus unter Umgebungsbedingungen höchster Reinheit zu halten /15/. Die hierzu notwendige Technik der "Reinen Räume" ist sehr weit entwickelt /16, 17, 18, 19/. Da der Mensch im Reinraum die größte Partikelquelle darstellt /20, 21, 22/, ist zur Gewährleistung der erforderlichen Luftqualität in der direkten Produktumgebung die Automatisierung des gesamten Herstellungsprozesses erforderlich /23, 24, 25, 26/. Die Erzeugung von Partikeln durch beispielsweise Handhabungs- und Transportsysteme kann jedoch selbst bei der Auswahl geeigneter Komponenten und Materialien nicht vollkommen verhindert werden.

Durch eine turbulenzarme Verdrängungsströmung sollen diese innerhalb einer Anlage generierten luftgetragenen Partikel kontrolliert und möglichst schnell abgeleitet werden. Die Strömungstechnik stellt somit den zweiten wichtigen Ansatzpunkt zur Vermeidung einer Produktkontamination dar. Anzustreben ist dabei eine möglichst vollständige Trennung der Einflußbereiche des Produkts und der Partikelquellen in der Strömung. Nur dann kann bei einer Fertigung unter Reinraumbedingungen der Vorteil der Bereitstellung einer hohen Erstluftqualität in Verbindung mit einer turbulenzarmen Verdrängungsströmung voll genutzt werden. Zu diesem Thema wurden bisher an Handhabungs- und Fertigungsgeräten keine systematischen strömungstechnischen Untersuchungen durchgeführt.

Die Abnahmeprüfungen für reinraumtechnische Anlagen sind weitgehend festgelegt /27, 28, 29/. Zur Bewertung des Einflusses verschiedenartiger Deckenaufbauten auf das Strömungsfeld in reinen Räumen mit turbulenzarmer Verdrängungsströmung wurden vielfältige Untersuchungen angestellt /30, 31, 32, 33, 34/. Welche Auswirkungen die durch verschiedene Deckenaufbauten erzeugten unterschiedlichen Strömungsverhältnisse auf die Umströmung von im Reinraum installierten Ferti-

gungsgeräten und deren Komponenten haben, wurde jedoch nur wenig untersucht
/35, 36, 37/.

1.2 Zielsetzung und Vorgehensweise

Die Zielsetzung der vorliegenden Arbeit besteht in der Erarbeitung von Grundlagen
zur strömungstechnischen Auslegung von reinraumtauglichen Fertigungseinrichtungen.

Da luftgetragene Partikel den Strömungsbewegungen folgen, ist es unerläßlich,
reinraumtaugliche Funktionsträger und Baugruppen unter Berücksichtigung strömungstechnischer Gesichtspunkte auszulegen und in die Gesamtanlage zu integrie-
ren. Dies gilt insbesondere für Handhabungs- und Transporteinrichtungen. Durch
deren strömungsgünstige Gestaltung und eine entsprechende Strömungsführung in
ihrer Umgebung läßt sich die Kontaminationsgefahr für das Produkt stark herab-
setzen. Die strömungstechnische Gestaltung beeinflußt also entscheidend die
Reinraumtauglichkeit von Fertigungseinrichtungen.

Bei den Gestaltungsrichtlinien und Richtlinien zur Produkthandhabung wird zwischen den folgenden Problembereichen unterschieden:

1. strömungsgerechte konstruktive Bauweise von Baugruppen und
   Funktionsträgern
2. strömungsgerechte Anordnung von Baugruppen und Funktionsträgern in einer Fertigungsanlage
3. strömungsgerechte konstruktive Bauweise und Aufstellung von
   Fertigungsanlagen in Reinräumen
4. Vorgehensweise bei der Produkthandhabung.

Diese Richtlinien sollen basierend auf Erkenntnissen, die durch experimentelle
Strömungsuntersuchungen gewonnen wurden, abgeleitet werden. Die Auswirkungen
unterschiedlicher Strömungsverhältnisse im Reinraum auf die Umströmung sowie die
Partikelausbreitung im Nachlauf von Bauteilen werden ermittelt und gegenübergestellt. Die Ergebnisse ermöglichen eine Beurteilung der jeweiligen Strömungsbedingungen.

Zur Durchführung der experimentellen Untersuchungen wird ein automatisierter
Prüfstand für Geschwindigkeitsrastermessungen an Baugruppen, Funktionsträgern
und Anlagen aufgebaut sowie eine transportable Versuchseinrichtung zur
Strömungssichtbarmachung entwickelt und konstruiert.

Die Umsetzung der Erkenntnisse und die Verifizierung der abgeleiteten Richtlinien
erfolgen anhand eines Praxisbeispieles.

2 Stand der Technik

2.1 Begriffe und Definitionen

2.1.1 Reinraumtechnologie

Die Reinraumtechnologie beschäftigt sich mit dem Aufbau von Systemen, die Fertigungen bzw. die Durchführung von Fertigungsschritten oder die Erfüllung anderer Aufgabenstellungen unter Bedingungen ermöglichen, die einen schädigenden Einfluß von Verunreinigungen an einem Arbeitsplatz auf das zu behandelnde Produkt oder auf den Menschen ausschließen /16, 28, 38, 39, 40/.

Zahlreiche Arbeitsprozesse in der Industrie und Forschung erfordern eine bezüglich Partikel oder Mikroorganismen hochgradig reine Umgebung /41/. Selbst geringe Mengen von Partikeln im Schwebstoffbereich (0,1 bis 1 μm) führen zum Beispiel in der Halbleiterfertigung zu hohem Ausschuß /42, 43/. Die Reinraumtechnologie stellt die Verbindung zwischen den Bereichen Luft- und Klimatechnik einerseits und Filtrations-, Partikelmeß- und Anlagentechnik andererseits dar.

2.1.2 Reinheitsklassen

Für die Reinheitsklassengrenzen wird in den Normen /27, 28/ eine Partikelgrößenverteilungssumme verwendet, die sich im doppelt-logarithmischen Diagramm als Gerade darstellen läßt. Die Einteilung der Reinraumklassen erfolgt nach dem derzeit gültigen Federal Standard 209 d und nach der deutschen VDI-Richtlinie 2083. Im US Standard wird zur Definition der Reinraumklassen die Partikelzahl je ft^3 mit der Bezugspartikelgröße 0,5 μm angegeben. Bei der deutschen Norm, die derzeit überarbeitet wird /44, 45/, bezieht man sich auf 1 m^3 Luftvolumen bei einer Bezugspartikelgröße von 1 μm.

Die Normen befassen sich unter anderem mit dem Bau, dem Betrieb, der Wartung und der Meßtechnik zur Überwachung und Abnahme von reinraumtechnischen Anlagen, der Festlegung der Reinheitsklassen, der Reinraumtauglichkeit von Anlagenkomponenten sowie der Medienversorgung. Da in der Industrie aus Gründen der internationalen Zusammenarbeit der US Federal Standard gebräuchlich ist, kommt er auch bei dieser Arbeit zur Anwendung.

2.1.3   Reinraum

Als Reinraum bezeichnet man einen abgegrenzten Bereich mit Einrichtungen zur
Begrenzung der Teilchenzahl in der Luft und einer den Anforderungen entsprechenden Regelung der Temperatur, der Luftfeuchtigkeit sowie des Luftdrucks.

Um den in den Normen festgelegten Anforderungen zu entsprechen, dürfen Reinräume keine größeren Teilchenkonzentrationen aufweisen, als in der Reinheitsklasse
für die Raumluft zugelassen wird /27/.

- Erstluft

  Mit Erstluft wird die aus den Schwebstoff-Filtern /46, 47, 48, 49/ oder
  Luftverteilern austretende Reinluft bezeichnet, solange diese noch keine
  Verunreinigungen, die von Anlagen, Komponenten oder Einbauten im Raum
  verursacht sind, aufgenommen hat.

- Reinraumströmungsformen

  Grundsätzlich lassen sich in der Reinraumtechnik zwei Prinzipien der Luftführung unterscheiden /16, 38, 40/:

  a)   Bei der turbulenzarmen Verdrängungsströmung /50, 51/ fließt der
        gesamte Luftstrom im wesentlichen mit gleichförmiger Geschwindigkeit
        innerhalb eines abgegrenzten Bereiches. Es handelt sich hierbei um eine
        kolbenförmige Strömung, die dadurch erzeugt wird, daß der gesamte aus
        der Filterdecke austretende Luftvolumenstrom über einen Doppelboden
        abgesaugt wird. Im angelsächsischen Sprachgebrauch wird in diesem Zu-
        sammenhang auch der Begriff "laminar flow" verwendet, um den Gegen-
        satz zur turbulenten Strömung herauszustellen. Man weiß jedoch sehr
        genau, daß das "Laminar-Flow-System" nicht mit laminarer, sondern mit
        turbulenzarmer Verdrängungsströmung arbeitet.

        Die mittlere Geschwindigkeit der turbulenzarmen Verdrängungsströmung
        soll bei 0,45 $^m/_s$ liegen. Die Geschwindigkeitsverteilung über dem Quer-
        schnitt des Reinraumes soll möglichst konstant sein, d. h. Abweichungen in
        der Geschwindigkeit von ihrem Mittelwert dürfen 20 % nicht über-
        schreiten. Der oben angegebene Mittelwert der Geschwindigkeit beruht
        auf empirischen Ermittlungen und ist so gewählt, daß insbesondere
        Querströmungen und damit verbundene "Querkontaminationsvorgänge"
        vermieden werden. In Abhängigkeit von der Strömungsrichtung der Zuluft
        spricht man vom sogenannten Vertikal- oder Horizontalstrom.

        In *Bild 1* ist der prinzipielle Aufbau eines Reinraumes mit turbulenzarmer
        Verdrängungsströmung in Vertikalstromausführung dargestellt. Mit
        solchen Systemen lassen sich Reinraumklassen realisieren, die besser als
        1000 sind.

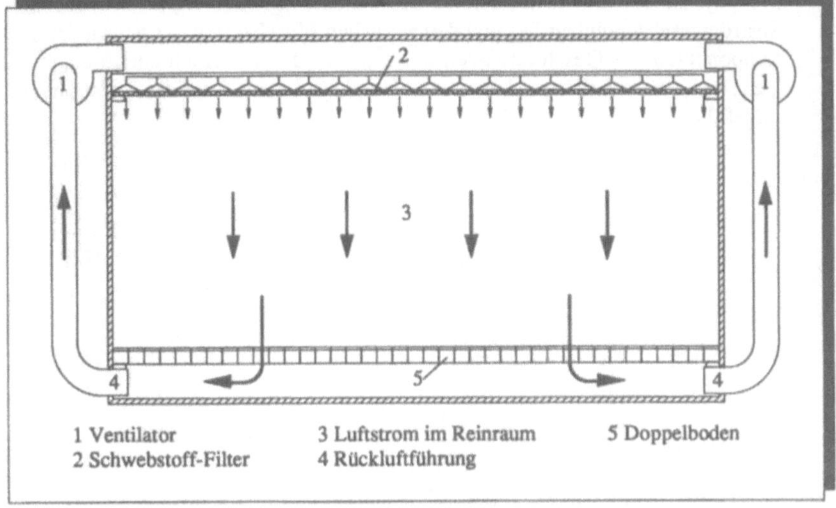

Bild 1: Prinzipieller Aufbau eines Reinraumes mit turbulenzarmer Verdrängungsströmung in Vertikalstromausführung

b) Bei der turbulenten Mischströmung /52/ wird in den Reinraum eintretende schwebstoffgefilterte Luft durch Induktionswirkung mit der im Raum befindlichen Luft gemischt, wodurch eine Verdünnung der im Raum freigesetzten Luftverunreinigungen erreicht wird. Sowohl an die Gleichförmigkeit als auch an die Höhe der Luftgeschwindigkeit werden keine besonderen Anforderungen gestellt. Wegen der intensiven Vermischung der Luft läßt sich bei dieser Strömungsform das Auftreten von Querkontaminationsvorgängen nicht vermeiden. Somit lassen sich auch Bereiche mit einer hohen Partikelkonzentration von anderen Bereichen nicht trennen. Es werden hier bestenfalls Reinraumklassen bis 1000 erreicht.

■ Strömungsmechanik

- Stromlinien

In der Strömungstechnik werden Linien in einer Strömung, deren Tangenten überall die Richtung der momentanen Strömungsgeschwindigkeit aufweisen, als Stromlinien bezeichnet /53/.

- Turbulenzgrad

Der Turbulenzgrad ist eine statistische Größe, die eine Aussage über den Energieinhalt der Schwankungsbewegungen macht, mit der eine Strömung behaftet ist.

Die physikalisch exakte Definition des Turbulenzgrades ergibt sich aus der Anströmgeschwindigkeit U_∞ und den zeitlichen Mittelwerten der Schwankungskomponenten der Geschwindigkeit $\overline{u'^2}$, $\overline{v'^2}$, $\overline{w'^2}$ in den Koordinatenrichtungen x, y, z. Die Zusammenhänge sind nachfolgend beispielhaft für die u-Komponente aufgeführt:

$$u' = u - \overline{u} \tag{1}$$

$$\overline{u'^2} = \sigma^2(u') = \frac{1}{m-1} \sum_{i=1}^{m} u_i'^2 \tag{2}$$

$$\overline{u} = \frac{1}{m} \sum_{i=1}^{m} u_i \quad . \tag{3}$$

Verfährt man für die v- und w-Komponente analog, so ermittelt sich der Turbulenzgrad zu

$$Tu = \frac{1}{U_\infty} \sqrt{\frac{1}{3}\left(\overline{u'^2} + \overline{v'^2} + \overline{w'^2}\right)} \quad , \tag{4}$$

wobei die Wurzel die mit den drei Geschwindigkeitskomponenten ermittelte Standardabweichung darstellt /54/.

- Reynolds Zahl

Die Reynolds Zahl ist definiert als Quotient aus dem Produkt einer charakteristischen Geschwindigkeit mit einer charakteristischen Länge und der kinematischen Zähigkeit. Die von dem englischen Physiker Osborne REYNOLDS zum erstenmal angegebene Kennzahl gibt das Verhältnis der Trägheitskräfte zu den Zähigkeitskräften in Strömungen an:

$$Re = \frac{c \cdot L}{\nu} \tag{5}$$

- Totwasser und Nachlaufgebiet

Gebiete der abgelösten Strömung im Nachlauf von Versperrungen werden als Totwasser bezeichnet. Die Begriffe Totwasser und Nachlauf sind in der Literatur nicht eindeutig definiert; hier wird das Totwasser als das Teilgebiet des Nachlaufgebietes betrachtet, in dem Rückströmung auftritt. Die Rückströmung wird dadurch verursacht, daß an der Grenze des Totwassers durch den Impulsaustausch Material mitgerissen wird. Dieses muß dem Totwasser entgegen der Anströmrichtung der Versperrung wieder zuströmen. Die nachfolgende Darstellung (*Bild 2*) der Geschwindigkeitsprofile bei der Umströmung stumpfer Körper verdeutlicht die Zusammenhänge.

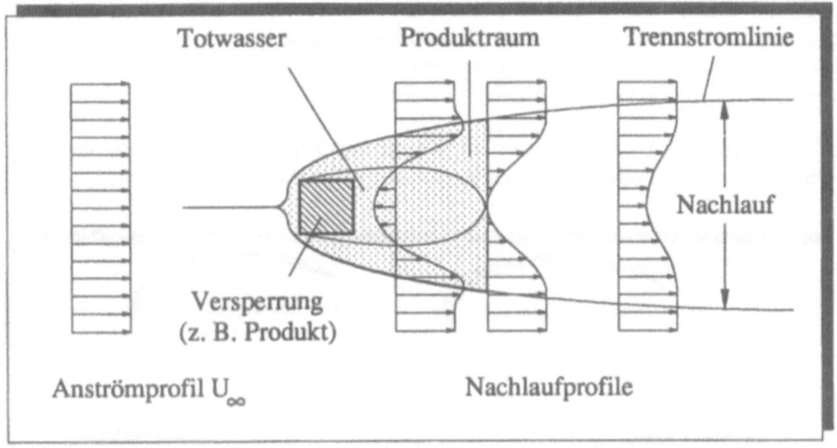

Bild 2: Darstellung der Geschwindigkeitsprofile bei der Umströmung stumpfer Körper

- Produktraum

Als Produktraum wird derjenige Teil des vom Produkt beeinflußten Strömungsbereiches definiert, der bis zur Unterkante des vom Produkt erzeugten Totwassergebietes reicht. Der beeinflußte Strömungsbereich wird von der Trennstromlinie (*Bild 2*) begrenzt. Partikel, die im Produktraum generiert oder in diesen mit der Strömung hineingetragen werden, stellen für das Produkt eine potentielle Kontaminationsgefahr dar. Die geometrische Ausdehnung des Produktraumes variiert in Abhängigkeit von den baulichen, anlagenspezifischen Gegebenheiten.

2.2 Ausgangssituation

2.2.1 Kontaminationsquellen im Reinraum

Beim 16-Mbit-Chip werden die Abstände zwischen den fotolithografisch erzeugten Leiterbahnen nur 0,5 μm und beim 64-Mbit-Chip noch etwa 0,2 μm betragen. Einzelne Partikel der Größe 0,2 μm können somit schon Defekte verursachen und zum Ausschuß der Bauteile führen /43, 55, 56/. Der für 1990 geschätzte prozentuale Anteil der in der Halbleiterfertigung für Defekte verantwortlichen Kontaminationsquellen beläuft sich bei den Anlagen und der Medienversorgung und -entsorgung auf jeweils 40 Prozent, bei der Logistik und der Reinraumumgebung auf jeweils 10 Prozent /42/.

Um die Gefahr einer Qualitätsminderung der Produkte oder eines erhöhten Ausschusses durch Partikel aus der Umgebung weiter zu reduzieren, muß insbesondere auf den Gebieten der Anlagentechnik und der Medienversorgung und -entsorgung Entwicklungsarbeit geleistet werden.

In *Bild 3* sind die Faktoren dargestellt, die die Partikelkontamination und damit die Qualität der herzustellenden Produkte nachhaltig beeinflussen.

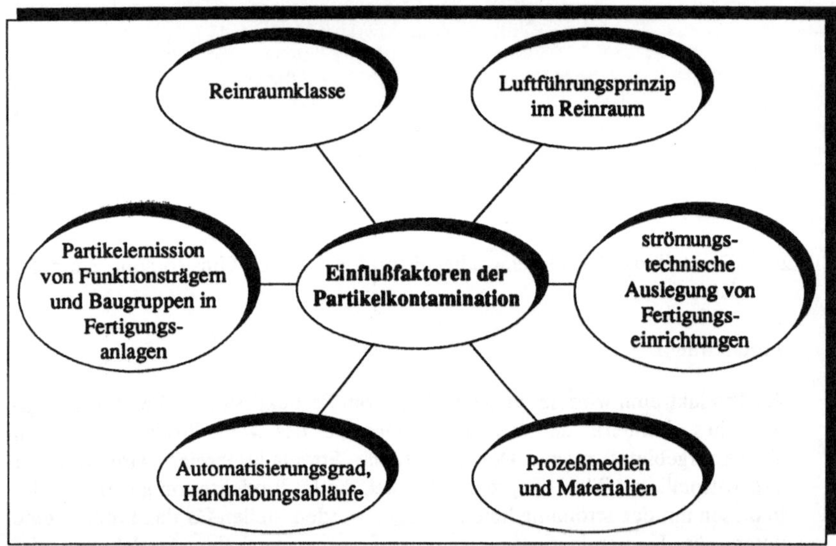

Bild 3:   Einflußfaktoren der Partikelkontamination

Zum Nachweis von in Reinräumen vorhandenen Kontaminationsquellen existieren Meßverfahren, die relativ weit entwickelt sind /27, 28, 57/. Die gebräuchlichsten Meßgeräte stellen dabei die optischen Partikelzähler /58, 59, 60/ und die Kondensationskernzähler /61, 62, 63/ dar. Mit diesen Partikelzählern lassen sich Quellen der Partikelemission an Fertigungsgeräten und deren Baugruppen bestimmen.

Häufig lassen sich die Partikel emittierenden Baugruppen konstruktionsbedingt nicht modifizieren oder austauschen /15/. Mit Hilfe der Strömungstechnik läßt sich der Transportweg der Partikel bestimmen und mit den daraus gewonnenen Erkenntnissen kann Einfluß auf die Gestaltung von Anlagen, die Reinraumumgebung und den Materialfluß genommen werden. Aus diesem Grund stellen die genannten Bereiche im weiteren Verlauf den Gegenstand der Untersuchungen dar.

2.2.2   Strömungsverhältnisse im Reinraum

Die strömungstechnische Auslegung von "Reinen Räumen" dient insbesondere dazu, das mit unerwünschten Partikeltransportvorgängen verbundene Auftreten von Quer- und Rückströmungen zu vermeiden. In "Reinen Räumen" mit turbulenzarmer Verdrängungsströmung versucht man aus diesem Grund durch entsprechende bauliche Maßnahmen eine möglichst hohe Stabilität der Verdrängungsströmung zu erreichen. In *Bild 4* sind die wesentlichen Einflußfaktoren auf die Höhe der Luftgeschwindigkeit und des Turbulenzgrades einer Reinraumströmung dargestellt.

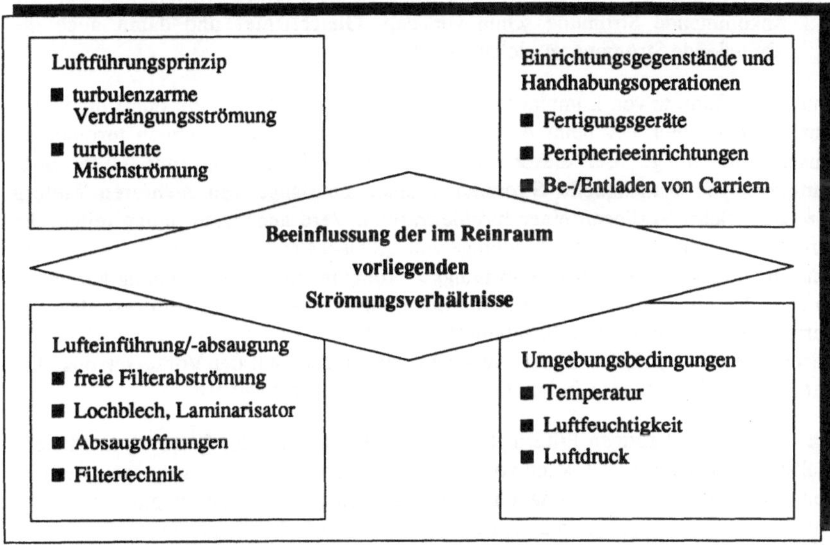

Bild 4:   Einflußfaktoren auf die Strömungsverhältnisse im Reinraum

Die mit dem gewählten Luftführungsprinzip sowie der Gestaltung und Anordnung der Lufteinführungs- und -absaugöffnungen erzielten Strömungsverhältnisse werden durch die Faktoren Einrichtungsgegenstände, Handhabungsoperationen und Umgebungsbedingungen nachhaltig beeinflußt.

Die beiden aussagekräftigsten Größen zur Charakterisierung der orts- und zeitabhängigen Strömungsverhältnisse stellen die Geschwindigkeit und der Turbulenzgrad dar. Während aufgrund langjähriger Erfahrung in Fachkreisen Einigkeit darüber besteht, daß Reinräume mit turbulenzarmer Verdrängungsströmung mit einer mittleren Luftgeschwindigkeit von 0,4 bis 0,45 $^{m}/s$ durchströmt werden sollten, herrscht hinsichtlich des anzustrebenden mittleren Turbulenzgrades Unklarheit. Im Augenblick überwiegt die Meinung, daß sich ein möglichst niedriger Turbulenzgrad vorteilhaft auf die angestrebte geringe Partikelausbreitung auswirkt. Durch die

Installation von Lochblechen und sogenannten, aus Gewebe bestehenden, Laminarisatoren /64/ lassen sich die in Reinräumen vorherrschenden Turbulenzintensitäten
verringern. Die der Filterdecke nachgeschalteten Abströmhilfen üben einen
Gleichrichteffekt auf die Strömung aus. Dieser basiert auf zwei verschiedenen
Wirkungen /54/:

- Die ankommenden größeren Wirbel werden in viele kleinere aufgeteilt, die
  allein durch die Reibung größtenteils aufgezehrt werden.

- Das Lochblech und der Laminarisator bieten in Abhängigkeit von der Loch-
  bzw. Maschenweite und der offenen Siebfläche einen Widerstand, der die
  ankommende Strömung schon vor dem Gleichrichter und damit auch die
  abfließende Strömung vergleichmäßigt.

Durch den Einsatz von Laminarisatoren läßt sich im Reinraum ein quasi laminarer
Zustand herstellen, der beim Auftreten einer Störung in den stabilen turbulenten
Zustand umschlägt. Bei dieser Laminarströmung lassen sich mit Hilfe einer
punktförmigen Rauchquelle Stromfäden einer Lauflänge von mehreren Metern
erzeugen. Beim Vorliegen einer turbulenzarmen Verdrängungsströmung reißen die
Stromfäden schon nach einer Lauflänge von 0,2 bis 0,4 m auseinander. Infolge der in
Querrichtung vorhandenen Geschwindigkeitskomponente v der Strömung kommt es
zu einer Vermischung des Rauches mit der Erstluft. Hieraus wird gefolgert, daß sich
Partikel bei einer laminaren Strömungsform im Reinraum auch über einen kleineren
Bereich verteilen /37, 65/. Diese Aussage basiert jedoch auf der Voraussetzung, daß
Partikel praktisch störungsfrei in die Strömung eingebracht werden.

Da sich mit der heutigen Filtertechnik bereits Reinräume der Klasse 1 und besser
realisieren lassen /46, 66/, kann von einer hochreinen Erstluft ausgegangen werden.
Somit trifft die Voraussetzung einer störungsfreien Partikeleinbringung nicht zu.
Partikelquellen in Fertigungsanlagen wie z. B. Antriebsübertragungen und Führungen stellen Versperrungen dar und weisen eine systemspezifische Umströmungsform
auf.

Bei den in Reinräumen auftretenden Partikelausbreitungsvorgängen ist es deshalb
nicht von entscheidender Bedeutung, wie sich unterschiedliche Turbulenzintensitäten
in der ungestörten Strömung auswirken, sondern wie sie sich auf die Umströmung
von Partikelquellen in Form von Versperrungen bemerkbar machen. Die bisher dazu
durchgeführten Untersuchungen /37, 67/ sind von geringem Umfang und nicht
besonders aussagekräftig.

2.2.3   Strömungstechnische Untersuchungsmethoden

2.2.3.1   Quantitative Methoden

Erweist sich zur Ermittlung oder Qualifizierung der Strömungsverhältnisse in der
Umgebung einer Fertigungseinrichtung oder im Reinraum die Bestimmung von

Geschwindigkeits- oder Turbulenzgradwerten als notwendig, müssen mit geeigneten Methoden quantitative Strömungsuntersuchungen durchgeführt werden.

Es stehen drei auf verschiedenen Prinzipien basierende Meßsysteme zur Verfügung:

- Laser-Doppler-Anemometer (LDA)
- Flügelradanemometer
- thermoelektrische Anemometer.

■ Laser-Doppler-Anemometer /68, 69/

Die Laser-Doppler-Anemometrie ist ein hochpräzises Meßverfahren der Strömungsmechanik, das sich optoelektronischer Komponenten bedient, um die lokale Geschwindigkeit von Streuteilchen zu messen, die in strömenden Medien als natürliche Verunreinigung mitgeführt werden oder als geeignete Markierungsstoffe zugegeben werden. Sind die Teilchen klein genug, so stimmt die Geschwindigkeit mit großer und in der Praxis ausreichender Genauigkeit mit der Momentangeschwindigkeit des Trägerfluids im Meßvolumen überein. Somit sind mit Hilfe der Laser-Doppler-Anemometrie berührungslose Messungen in einem beliebigen Geschwindigkeitsbereich möglich.

■ Flügelradanemometer (mechanische Anemometer) /70/

Mechanische Anemometer weisen einen großflächigen Meßbereich auf, führen also eine flächenintegrale Messung aus und reagieren auf Änderungen der Anströmgeschwindigkeit relativ träge. Sie eignen sich daher sehr gut für die Erfassung der Strömungsverhältnisse im Raum. Bei mechanischen Anemometern wird eine Welle von einem Flügelrad oder Schalenkranz durch die Strömung der Luft angetrieben und die Drehzahl gemessen. Diese dient als Meßgröße für die Strömungsgeschwindigkeit. Der Meßbereich liegt bei diesen Anemometern zwischen 0,1 und 50 $^m/_s$.

■ Thermoelektrische Anemometer /71, 72/

Die thermoelektrischen Anemometer messen punktuell und mit kleinen Zeitkonstanten. Dies ist für Turbulenzuntersuchungen erforderlich. Sie eignen sich sehr gut für den Einsatz im Geschwindigkeitsbereich zwischen 0,05 und 1,0 $^m/_s$.

Ist die Strömungsrichtung nicht bekannt, sollten richtungsunabhängig messende Fühler in Form von Widerstandsperlen, sogenannte Heißfilmsonden, eingesetzt werden. Mit Fühlern, die aus drei unabhängigen Hitzdrähten bestehen, kann gleichzeitig die Strömungsrichtung im Raum gemessen werden.

Bei thermischen Anemometern wird die Abkühlung eines beheizten Drahtes oder einer Widerstandsperle durch die Luftströmung gemessen. Die Empfindlichkeit nimmt dabei bei Geschwindigkeiten unter $1\,^m/_s$ stark zu. Thermische Anemometer arbeiten heute in der Regel nach der Konstanttemperaturmethode, bei der der Fühler elektronisch auf einer konstanten Temperatur gehalten wird, während die Heizleistung ein Maß für die Strömungsgeschwindigkeit ist. Die Geräte sind dadurch wesentlich reaktionsschneller.

Da thermische Anemometer den Abkühlvorgang an einem beheizten Fühler direkt ausnutzen, hat eine Änderung der Umgebungstemperatur dieselben Auswirkungen wie eine Änderung der Strömungsgeschwindigkeit. Das Meßergebnis des Luftgeschwindigkeitswertes kann deshalb nur richtig interpretiert werden, wenn dieses durch entsprechende Maßnahmen an die Veränderung der Umgebungstemperatur angepaßt, d. h. kompensiert wird. Nach dem heutigen Stand der Technik wird diese Temperaturkompensation durch die Auswerteelektronik durchgeführt.

2.2.3.2 Qualitative Methoden der Strömungssichtbarmachung

Mit numerischen Verfahren zur Berechnung von Strömungen lassen sich heute bei einfachen Geometrien und Konfigurationen Ergebnisse erzielen, die mit entsprechenden experimentellen Untersuchungsergebnissen gut übereinstimmen /73, 74, 75, 76, 77/. Von der exakten Berechnung der Strömungsverhältnisse in einer Fertigungsanlage unter Berücksichtigung aller anlagenspezifischer Besonderheiten sowie reinraumspezifischer Parameter ist man jedoch noch weit entfernt. Darüber hinaus erfordern auf den Navier-Stokesschen Bewegungsgleichungen /53, 78/ basierende numerische Programme zur Berechnung von inkompressiblen dreidimensionalen Strömungsproblemen Großrechenanlagen. Solche numerischen Verfahren sind damit sehr aufwendig und kostenintensiv.

Der Einsatz von quantitativen Methoden ist bei vielen Problemstellungen zu aufwendig und damit unwirtschaftlich.

Im Vergleich hierzu stellen qualitative Verfahren zur Strömungssichtbarmachung /79, 80, 81, 82, 83, 84/ relativ preisgünstige Hilfsmittel dar, die eine schnelle, einfache Beurteilung der Strömungsverhältnisse im gesamten Betrachtungsbereich ermöglichen. Die zur Strömungssichtbarmachung notwendige Markierung diskreter Fluidelemente geschieht bei der Anwendung optischer Methoden durch das Einbringen von Substanzen, die sich durch veränderte optische Eigenschaften, d. h. durch günstige Lichtstreufähigkeit, innerhalb der normalerweise durchsichtigen Strömungsmedien auszeichnen. Rauch, Seifenblasen, Staubpartikel sowie Wasser- und Ölnebel sind die für Luftströmungen am häufigsten verwendeten Markierungsstoffe ("tracer"). Um ein möglichst genaues Bild der zu untersuchenden Strömungsabläufe zu erhalten, sollten die zur Sichtbarmachung zugegebenen Lichtstreuteilchen den Fluidbewegungen ideal folgen.

Unter den Annahmen, daß

1. die Partikel klein und kugelförmig sind,

2. die Partikelkonzentration im Fluid so niedrig ist, daß keine Wechselwirkung der Partikel untereinander auftritt,

3. die Fluidbewegung durch die Partikelzugabe unverändert bleibt,

4. die Beschleunigung der Teilchen aus der Ruhe erfolgt,

5. die Partikel Reynolds Zahl

$$Re_P = \frac{\rho_F(c_F - c_P)d_P}{\eta_F} < 1 \tag{6}$$

ist und somit das STOKESsche Reibungsgesetz

$$c_D = \frac{24}{Re_P} \tag{7}$$

Gültigkeit besitzt, ergibt sich die Absinkgeschwindigkeit /81/ eines Partikels in einem Fluid zu

$$c_{si} = \frac{(\rho_P - \rho_F) \cdot g \cdot d_P^2}{18\eta_F} \; . \tag{8}$$

Die Partikeldichte soll möglichst gleich der Dichte des Fluids sein, um die Absinkgeschwindigkeit so klein wie möglich zu halten und das Partikelfolgevermögen zu optimieren. Die in Gleichung (8) für die Absinkgeschwindigkeit abgeleitete Beziehung zeigt, daß der Einfluß der Teilchengröße im Vergleich zur Dichtedifferenz jedoch sehr viel größer ist.

Analog zur Absinkgeschwindigkeit eines Partikels in einem ruhenden Fluid ergibt sich die für strömende Fluide gültige Relaxationszeit /81/ zu

$$\tau = \frac{(\rho_P - \rho_F) \cdot d_P^2}{18\eta_F} = \frac{1}{18}\frac{(\rho_P - \rho_F)d_P^2}{\rho_F \cdot \nu_F} \; . \tag{9}$$

Die eine charakteristische Zeitkonstante darstellende Relaxationszeit ist erforderlich, um ein strömungsgetragenes Teilchen (ρ_p, d_p) durch Impulsaustausch mit der Strömung (c_F, ρ_F) auf eine Geschwindigkeit von $c_P = 0{,}631\,c_F$ zu beschleunigen. Für Luftströmungen gilt, daß kleine, relativ leichte Partikel am ehesten in der Lage sind, auch turbulenten Fluktuationen der Fluidströmungen zu folgen.

In *Bild 5* sind die oberen Grenzfrequenzen der Fluidfluktuationen für verschiedene Fluid-/Partikelkombinationen bei einer maximal zulässigen Amplitudenabweichung der Fluktuationsgeschwindigkeiten von 0,1 % aufgezeigt. Sie wurden von HJELMFELT und MOCKROS /85/ durch Lösen der als BASSET-BOUSSINESQ-OSEEN- (BBO-) Gleichung bekannt gewordenen Bewegungsgleichung für eine Kugel in einer viskosen Strömung errechnet. Je höher die obere Grenzfrequenz ist, desto besser ist ein Partikel in der Lage, den Fluidfluktuationen zu folgen.

Fluid	Partikel	$\dfrac{\rho_P}{\rho_F}$	d_p (mm)	f_{max} (Hz)
Wasser	Sand	2,65	0,5	0,16
Luft	Wasser-tröpfchen	1000	7×10^{-3}	812
Luft	Öltröpfchen	800	1×10^{-3}	12250
Wasser	Wasserstoff-blasen	$8,6 \times 10^{-5}$	0,2	20

Bild 5:   Grenzfrequenzen verschiedener Partikel-Fluid-Kombinationen nach
           HJELMFELT und MOCKROS

- Rauchdraht-Technik

Tatsächlich wird hier nicht Rauch, sondern Ölnebel erzeugt. Dazu wird im Reinraum ein Draht vertikal oder horizontal und rechtwinklig zur Hauptströmungsrichtung aufgespannt. Der Draht wird dünn mit Öl benetzt und anschließend elektrisch beheizt, woraufhin das Öl verdampft. Er dient somit als Quelle für luftgetragene Partikel. Bei der Anwendung dieses Verfahrens ist die Beeinflussung der Strömungsverhältnisse vernachlässigbar.

- Nebelgenerator

Weitverbreitete Methoden zur Erzeugung von sichtbarem Nebel stellen die Verdampfung und nachfolgende Kondensation von beispielsweise Mineralöl oder Wasser dar. Außer bei der Vernebelung von Wasser, oder bei Bedarf Reinstwasser, verwendet man mehr oder weniger giftige und Rückstände hinterlassende Substanzen. Für den Einsatz in Reinräumen sind ausschließlich auf der Basis von Reinstwasser arbeitende Nebelgeneratoren geeignet /86/. Der Diffusionsgrad der verschiedenen "Raucharten" in die Umgebungsluft ist meist recht hoch, so daß sich Stromlinien über eine hinreichende Distanz nur in einer turbulenzarmen Strömung beobachten lassen.

- Rauch-Prüfröhrchen

Mit Rauch-Prüfröhrchen lassen sich einzelne Stromlinien erzeugen. Die aus der Spitze der Röhrchen austretenden Partikel besitzen dabei chemisch saure Eigenschaften (Schwefelsäure-Aerosol).

- Laser-Lichtschnitt-Verfahren /81/

Strömungsabläufe in technischen Anlagen sind oftmals aufgrund der Dreidimensionalität und der turbulenten Ablöse- und Wiederanlegeprozesse sehr komplex. Es ist daher bei der Untersuchung dieser Strömungen zunächst sinnvoll, diese in überschaubare zweidimensionale Schnitte aufzuteilen und die interessierenden Abläufe sichtbar zu machen. Die Erzeugung eines ebenen Lichtschnitts hat sich hierbei als ein sehr effizientes Verfahren zur qualitativen Strömungsanalyse erwiesen. Voraussetzung für die Anwendung des Laser-Lichtschnitt-Verfahrens ist die Markierung der bewegten Fluidelemente durch Tracerpartikel. Glühlampen eignen sich wegen ihrer geringen Leuchtdichte nicht zur Erzeugung lichtintensiver, ebener Lichtscheiben. Der Laser mit seiner stark gebündelten und gerichteten Strahlung kann dagegen eine hohe Strahlungsleistung auf einen kleinen Raumwinkel konzentrieren. Die räumliche und zeitliche Umverteilung der Laserstrahlintensität zur Erzeugung einer Lichtebene aus einem parallelen Lichtstrahl kann mittels statischer Linsensysteme oder durch kinematische Spiegelsysteme wie zum Beispiel rotierende Facettenscanner /87/ realisiert werden.

2.2.4 Fertigungsgerätetechnik

Die in der Halbleiterfertigung hergestellten Produkte werden von der Partikelkontamination durch die Fertigungsanlagen mit am meisten in Mitleidenschaft gezogen /42/. Von maßgeblicher Bedeutung für die Partikelkontamination innerhalb von Fertigungsanlagen sind die Partikel emittierenden Bewegungselemente und Versorgungssysteme, die Qualität und die Beeinflussung der Reinraumströmung sowie Vibrationen und elektrostatische Phänomene.

Bei den in der Halbleiterfertigung eingesetzten Versorgungssystemen gehen die Anforderungen dahin, daß die Chemikalien, die Gase und das Reinstwasser am Verbrauchsort mit derselben Qualität zur Verfügung stehen müssen, mit der sie in das Versorgungssystem eingespeist werden /88, 89/. Zur Qualifizierung und Prüfung der Partikelkontamination in Versorgungssystemen wurden bereits Verfahren entwickelt /90, 91/. Diese Verfahren sollen Untersuchungen an Materialien, Oberflächen, Komponenten und Aufbereitungssystemen ermöglichen. Ziel ist dabei die Entwicklung verschmutzungsfreier Versorgungssysteme.

Die Auswirkungen elektrostatischer Einflüsse auf das Depositionsverhalten von Partikeln werden erfaßt, um statische Aufladung gezielt zu neutralisieren und damit die Kontamination von Produktoberflächen durch Partikel zu verringern. Neben den elektrostatischen Größen spielen dabei thermische Einflüsse, die Anströmung von Oberflächen und die Gravitation eine entscheidende Rolle /92/. Zu dieser äußerst komplexen Problemstellung sind aufbauend auf den bereits durchgeführten Arbeiten /93, 94, 95/ weitere Grundlagenuntersuchungen erforderlich.

Um die durch die Instandhaltung automatisierter Geräte und Anlagen entstehende Kontamination von Oberflächen zu minimieren, sind außerdem die entsprechende Schulung des Personals, die Reinigungsmöglichkeiten für Geräte- bzw. Anlagenoberflächen sowie ein instandhaltungsgerechter konstruktiver Aufbau Voraussetzung.

Während man in den letzten Jahren bemüht war, Partikelquellen in bestehenden Fertigungsanlagen zu identifizieren und die Partikelemission möglichst on-line zu erfassen /96, 97, 98/, existieren seit kurzer Zeit auch Grundlagenarbeiten zum Problembereich reinraumtauglicher Fertigungsgeräte /15, 99/. Schon durch die Auswahl von geeigneten Funktionsträgern, Baugruppen und Materialien soll eine Partikelentstehung weitgehend vermieden werden.

Um die Vorgehensweise bei Reinraumtauglichkeitsuntersuchungen bzw. die Qualifizierung von Fertigungsgeräten zu vereinheitlichen, wurde ein Richtlinienentwurf erarbeitet /45, 100, 101/, der insbesondere auf Partikelmessungen und einer Analyse der Strömungsverhältnisse in der Umgebung der Anlage, der Baugruppen und des Produktes beruht. Mit den Ergebnissen der Strömungsuntersuchungen läßt sich der eventuell kontaminierte Bereich sehr schnell und ohne großen Aufwand eingrenzen. Der Vergleich mit den Ergebnissen der Partikelmessungen ermöglicht eine gezielte Aussage über Querkontaminationsvorgänge und den Ort der Partikelentstehung. In *Bild 6* sind die experimentellen strömungstechnischen Aufgabenstellungen aufgeführt, die sich bei der Qualifizierung von Fertigungseinrichtungen ergeben.

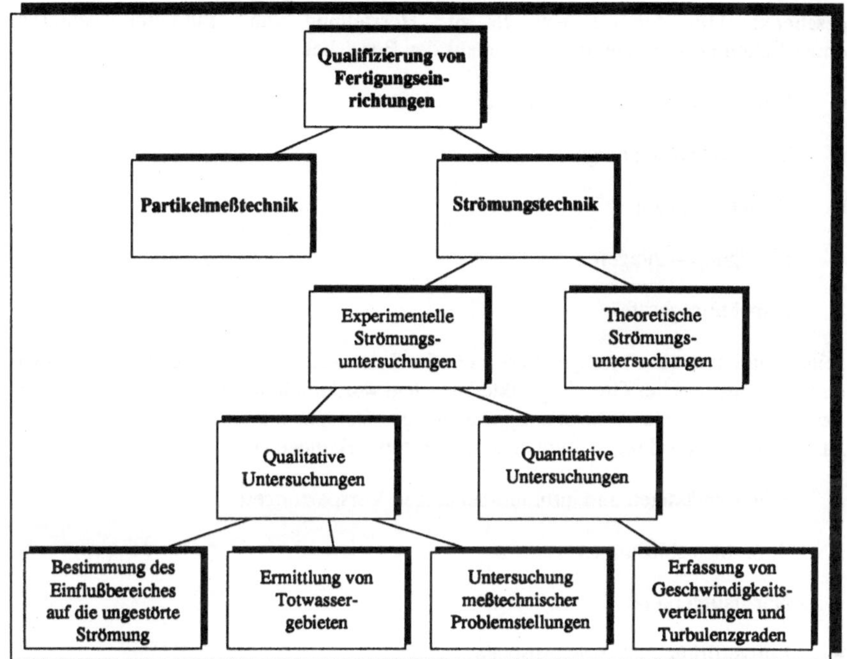

Bild 6: Strömungstechnische Aufgabenstellungen bei der Qualifizierung von Fertigungseinrichtungen

Bei dem an reinraumtaugliche Fertigungseinrichtungen bestehenden Anforderungsprofil kann grundsätzlich zwischen Reinheitsanforderungen und die strömungstechnische Auslegung betreffende Anforderungen unterschieden werden. Die Reinheitsanforderungen legen die bei einer bestimmten Reinraumklasse erlaubte Partikelemission einer Anlage fest. Die Anforderungen auf dem Gebiet der Strömungstechnik entstehen aus der Erkenntnis heraus, daß eine Partikelgenerierung innerhalb einer Anlage nie vollkommen vermieden werden kann. Mit Hilfe einer strömungsgerechten Auslegung soll erreicht werden, daß die emittierten luftgetragenen Partikel ohne Gefahr für das Produkt abgeleitet werden.

Wie oben bereits erwähnt, ist man heute zwar in der Lage, in Reinräumen die unterschiedlichsten Strömungsformen zu erzeugen, hinsichtlich der Auswirkungen dieser Strömungsformen auf die Umströmung und Durchströmung von Fertigungseinrichtungen existieren jedoch nur unzureichende Untersuchungen. Dem Zusammenhang zwischen der strömungsgerechten Gestaltung von Handhabungssystemen, Transportsystemen sowie Fertigungsanlagen und der Ausbreitung der innerhalb der Anlagen generierten Partikel wurde in der Vergangenheit viel zu wenig Beachtung

geschenkt. Die Analyse von 25 zur Herstellung von Halbleiter-Produkten
entwickelten Fertigungseinrichtungen aus den Bereichen

- Handhabungsgeräte und -module

- Transporteinrichtungen

- Prozeß-Anlagen

- Reinigungs-Anlagen

- Inspektionsgeräte

zeigte, daß nur sehr wenige dieser Geräte bzw. Anlagen unter Berücksichtigung
strömungstechnischer Gesichtspunkte ausgelegt wurden. Sehr häufig sind gravierende
Fehler, wie z. B. die Anbringung großflächiger Versperrungen direkt unter dem zu
handhabenden Produkt, zu beobachten. Die Auswirkungen von

- luftdurchlässigen und luftundurchlässigen Versperrungen

- Strömungsablösungen

- Nachlaufgebieten

- Luftverdrängungs- bzw. Ausblasvorgängen

- Spaltanordnungen und deren Dimensionierung sowie

- Luftabsaugungen

auf die Strömungsverhältnisse innerhalb sowie in der Umgebung der Geräte und
Anlagen sind weitgehend unbekannt. Bei der Analyse der genannten Fertigungsanlagen haben sich unterschiedliche Effekte, wie das Rückströmen von Partikeln
entgegen der Erstluft-Strömungsrichtung oder die Bildung von Aufstaugebieten über
unzureichend abgesaugten Lochblechebenen, gezeigt. Zur systematischen Ermittlung
von Ursachen und deren Auswirkungen sind grundlegende Untersuchungen erforderlich. Mit den Ergebnissen der Untersuchungen und den daraus ableitbaren
Erkenntnissen ist die Basis für die systematische Berücksichtigung strömungstechnischer Gesichtspunkte bei der Entwicklung von Fertigungsgeräten mit dem
Anspruch einer möglichst geringen Kontaminationsgefahr für das Produkt gegeben.

3 Entwicklungsschwerpunkte

3.1 Ableitung von Untersuchungsinhalten

Die Analyse des Standes der Technik zeigt, daß die Technik der "Reinen Räume" schon sehr weit fortgeschritten ist. Die Auswirkungen unterschiedlicher Decken- und Bodenkonstruktionen auf die im Reinraum herrschenden Strömungsverhältnisse sind z. B. genau bekannt. Bei den bisher vorgenommenen Untersuchungen hat man den Fertigungseinrichtungen jedoch kaum Beachtung geschenkt.

Hieraus leitet sich die Notwendigkeit von Strömungsuntersuchungen an Anlagenkomponenten im Reinraum bei unterschiedlichen Strömungsverhältnissen ab. Da der Mittelwert der Luftgeschwindigkeit bei turbulenzarmen Verdrängungsströmungen von 0,4 bis 0,45 ^{m}/s als gesichert angesehen werden kann, ist die Frage der optimalen Höhe der mittleren Turbulenzintensität zu klären. Die dafür erforderlichen Grundlagenuntersuchungen lassen sich in zwei Phasen untergliedern /102/:

- Qualitative und quantitative Strömungsuntersuchungen

  Im Nachlauf von Profilkörpern einfacher Geometrie (z. B. Rund-, Vierkantprofil) sind unter Variation des mittleren Turbulenzgrades der turbulenzarmen Strömung durch die Ermittlung von Geschwindigkeits- und Turbulenzgradverläufen die Einflußbereiche der Profilkörper auf die Strömung zu bestimmen. Dabei sind die Grenzbereiche zwischen beeinflußter und unbeeinflußter Strömung sowie Nachlauf- und Totwassergebiet von besonderem Interesse.

- Messung der Partikelausbreitung

  Unter der Voraussetzung, daß ein Profilkörper eine Partikelquelle aufweist, sind im Nachlauf des Profilkörpers zur Erfassung der Partikelausbreitungs- und Querkontaminationsvorgänge in verschiedenen Ebenen Partikelmessungen vorzunehmen. Um die Ausbreitung der Partikel in Querrichtung ermitteln zu können, muß der Ort der punktförmigen Emissionsquelle bekannt sowie der Partikelausstoß pro Volumenstrom reproduzierbar sein.

Das Ergebnis dieser grundlegenden Untersuchungen ist eine Empfehlung hinsichtlich der Höhe der mittleren Turbulenzintensität in Reinräumen mit turbulenzarmer Verdrängungsströmung. Zusätzlich werden quantitative Aussagen über die Partikelverteilung und -ausbreitung im Nachlauf von Versperrungen gemacht. Insbesondere interessiert dabei auch, welchen Einfluß die Orientierung von Versperrungen bezüglich der Erstluft-Strömungsrichtung und dem zu fertigenden Produkt in der Anlage auf Partikelwanderungseffekte hat, und unter welchen Bedingungen Partikel entgegen der im Reinraum herrschenden Strömungsrichtung wandern können.

Analysiert man die Entwicklung auf dem Gebiet der Konstruktion reinraumtauglicher Fertigungseinrichtungen in den letzten Jahren, so zeigt sich, daß eine Gestaltung der Einrichtungen unter strömungstechnischen Gesichtspunkten bisher nur in Einzelfällen stattgefunden hat. Der Hauptgrund hierfür ist, daß strömungstechnische Grundkenntnisse bei den Anlagenkonstrukteuren fehlen. Die Erarbeitung eines Richtlinienkatalogs als Hilfsmittel zur strömungsgerechten Auslegung reinraumtauglicher Fertigungseinrichtungen ist deshalb dringend erforderlich.

Die Richtlinien sollen auf der Grundlage der durch experimentelle Strömungsuntersuchungen erhaltenen Ergebnisse hergeleitet werden.

Die kleinsten zu untersuchenden Systemeinheiten bilden die Funktionsträger. Funktionsträger sind bewegte Konstruktionselemente, die eine bestimmte Funktion wie Führung, Antrieb oder Antriebsübertragung erfüllen /45/. Da von ihnen die Partikelemission ausgeht, ist es wichtig, die Zusammenhänge zwischen der Größe der Versperrungen sowie der Gestaltung der Funktionsträger und der Ausdehnung der Nachlaufgebiete zu erfassen. Des weiteren ist die Frage zu klären, ob und unter welchen Umständen sich Partikel entgegen der Erstluft-Strömungsrichtung bewegen.

Eine Baugruppe ist eine aus mehreren Funktionsträgern zusammengesetzte Einheit /45/. Es sind Aussagen darüber zu treffen, wann aus strömungstechnischer Sicht eine Kapselung mehrerer Funktionsträger oder der gesamten Baugruppe sinnvoll ist, wie sich durch Bewegungs- oder Ausblasvorgänge verursachte Luftverdrängungseffekte auf die Umströmungsverhältnisse von Baugruppen auswirken und welche Rückwirkungen unterschiedliche Baugruppenanordnungen auf die Um- und Durchströmung der Anlage haben.

Fertigungsanlagen sind unter strömungstechnischen und konstruktiven Gesichtspunkten so auszulegen, daß die Kontaminationsgefahr für das Produkt minimiert wird. Hierzu sind Untersuchungen erforderlich, deren Ergebnisse aufzeigen, unter welchen Randbedingungen der Einsatz von Lochblechen sinnvoll ist, welche Auswirkungen Spalteffekte und Absaugmaßnahmen auf die Strömungsverhältnisse haben und unter welchen Umständen die durch das Produkt hervorgerufene Strömungsbeeinflußung berücksichtigt werden muß.

Die Untersuchungen werden nach der in *Bild 7* dargestellten, dreistufigen Vorgehensweise durchgeführt.

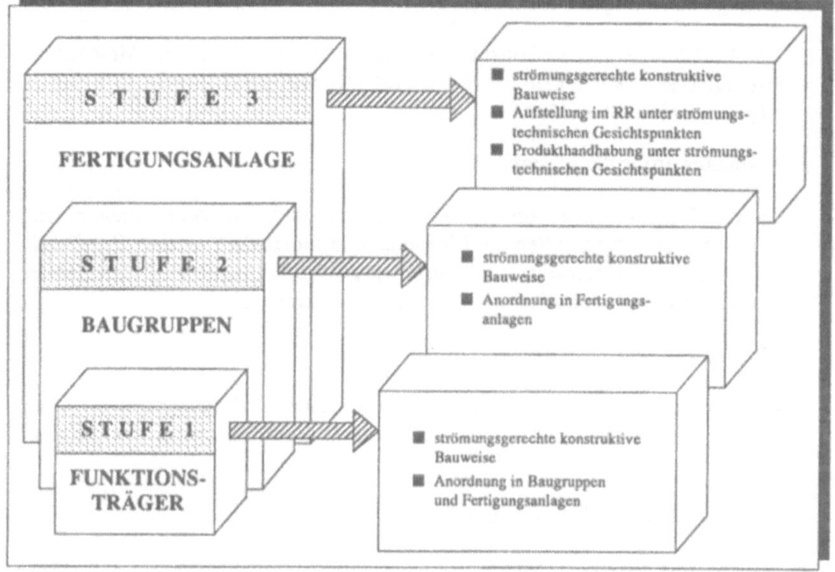

Bild 7:   Vorgehensweise bei der Herleitung von Richtlinien zur strömungsgerechten Auslegung von reinraumtauglichen Fertigungseinrichtungen

Da Funktionsträger und Baugruppen später in eine Fertigungsanlage integriert werden, ist mit ihrer Optimierung eine sinnvolle Vorgehensweise gewährleistet.

3.2   Anforderungen an Untersuchungsmethoden

3.2.1   Quantitative Methoden

Zur Quantifizierung qualitativer Untersuchungsergebnisse ist einerseits die Messung von Strömungsgeschwindigkeiten sowie andererseits die Erfassung von Partikelausbreitungsvorgängen im Einflußbereich von Versperrungen erforderlich. Die Anforderungen an die jeweiligen Meßgeräte, Methoden und den zur Durchführung der Messungen zu entwickelnden Prüfstand sind nachfolgend beschrieben.

■   Anforderungen an den Prüfstand und seine Umgebungsbedingungen

-    Umgebungsbedingungen

Die Messungen müssen in einer turbulenzarmen Verdrängungströmung erfolgen. Zusätzlich muß die Möglichkeit bestehen, den Turbulenzgrad im gesamten Reinraum gleichmäßig einzustellen und zu variieren. Zur Messung von Partikelverteilungen ist eine sehr hohe Reinraumklasse zur Verfügung zu stellen.

-   Geringe Strömungsbeeinflussung

Der Prüfstand ist so zu konzipieren, daß insbesondere bei der Messung von Strömungsgeschwindigkeiten die örtlichen Strömungsverhältnisse so wenig wie möglich beeinflußt werden.

-   Automatisierung der Meßabläufe

Da die Durchführung von Geschwindigkeits- und Partikelmessungen lange Zeiträume erfordert, sollen die Meßabläufe automatisiert werden. Zur Ermittlung von Geschwindigkeits- und Turbulenzgradverteilungen muß der Untersuchungsbereich automatisiert abgefahren werden können.

-   Vibrationsfreiheit

Um insbesondere eine Verfälschung der ermittelten Turbulenzgradwerte auszuschließen, muß das Geschwindigkeitsmeßgerät vibrationsfrei in der Strömung positionierbar sein.

-   Reproduzierbarkeit der Messungen

Die exakte Reproduzierbarkeit der Umgebungsbedingungen sowie der Meßabläufe ist Voraussetzung für eine vergleichende Bewertung der Meßergebnisse.

■   Anforderungen an das Geschwindigkeitsanemometer

-   Punktuelle Messungen

Für Detailuntersuchungen müssen punktuell Geschwindigkeitsmessungen erfolgen können.

-   Kleine Zeitkonstante

Das Anemometer muß eine kleine Zeitkonstante ($< 0,2$ s) aufweisen, um hinreichend genaue Turbulenzgradwerte ermitteln zu können.

-   Richtungsunabhängige Ermittlung der Strömungsgeschwindigkeiten

Da die Anströmrichtung in Einflußbereichen von Versperrungen oft nicht bekannt ist, muß das Meßgerät von der Anströmrichtung unabhängige Messungen durchführen können.

-   Strömungsbeeinflussung

Um Meßwertverfälschungen zu vermeiden, sollte das Anemometer die Strömungsverhältnisse so wenig wie möglich beeinträchtigen.

- Meßbereich

Mit dem Meßgerät sollen noch Geschwindigkeiten < 0,15 $^m/_s$ hinreichend
genau erfaßt werden können. Diese treten vor allem bei Messungen in Totwassergebieten und innerhalb von Fertigungsgeräten auf.

- Aufwand zur Durchführung von Messungen und der Auswertung der Ergebnisse

Der verfahrensbedingt erforderliche gerätetechnische und zeitliche Aufwand
zur Durchführung von Messungen ist möglichst gering zu halten, damit die
Methode auch in der Praxis anwendbar ist. Es ist ein Gerät auszuwählen, das
eine automatische Erfassung und Auswertung der Meßergebnisse gestattet.

■ Anforderungen an das Partikelmeßgerät

- Geringe Strömungsbeeinflussung

Mit dem Partikelmeßgerät müssen Messungen in Geschwindigkeitsbereichen
von 0,2 bis 0,4 $^m/_s$ so durchgeführt werden können, daß die Luftströmung durch
das Meßgerät selbst oder die Probenahme möglichst wenig beeinflußt wird.

- Meßgenauigkeit

Entsprechend den derzeitigen Anforderungen der Halbleiterfertigungstechnik
sind Partikel größer/gleich 0,2 μm von Bedeutung.

3.2.2 Qualitative Methoden der Strömungssichtbarmachung

An die qualitativen Methoden zur zweidimensionalen Strömungssichtbarmachung
werden die folgenden Anforderungen gestellt:

■ Erzeugung einer Lichtschnittebene

- Lichtintensität/Ausleuchtung

Für Detailuntersuchungen sowie zu Dokumentationszwecken ist die Erzeugung
einer lichtintensiven, ebenen Lichtscheibe unabdingbare Voraussetzung. Die
Ausleuchtung der Lichtebene sollte dabei möglichst homogen sein. Um eine
optimale Lichtintensitätsverteilung zu erzielen, sollte die Ausdehnung der
Lichtschnittebene auf einfache Weise an die Entfernung des Bildausschnittes
vom Strahlteiler und die Größe des Bildausschnittes angepaßt werden können.

- Geringer Justieraufwand

Der Aufwand für die Justierung der Lichtschnittebene sollte aus Zeitgründen so gering als möglich sein.

- Drehung der Lichtschnittebene

Damit auch bei Schrägströmungen Untersuchungen durchgeführt werden können, muß die in der Regel senkrecht zur Horizontalebene stehende Lichtebene schräg gestellt werden können.

- Reinraumtauglichkeit

Die Versuchseinrichtung muß kontaminationsfrei arbeiten, um Untersuchungen in Reinräumen zu ermöglichen.

- Transportfähigkeit und Sicherheit

Damit die Versuchseinrichtung nicht nur in einem einzigen Reinraum eingesetzt werden kann, muß sie transportabel und deshalb möglichst kompakt aufgebaut sein. Die Versuchseinrichtung muß den beim Umgang mit hochintensiven Lichtquellen geltenden Sicherheitsbestimmungen /103/ genügen.

- Tracer-Erzeugung und -Einbringung

- Erzeugung luftgetragener Partikel

Die zur Sichtbarmachung der Strömungsverhältnisse zugegebenen Lichtstreuteilchen müssen den Fluidbewegungen ideal folgen können, das heißt die Relaxationszeiten müssen kurz sein. Hierzu ist die Erzeugung kleiner ($< 1\ \mu$m) und gleichzeitig leichter Partikel notwendig.

- Tracer-Eigenschaften

Die erzeugten Partikel müssen ungiftig sein, da Personen in unmittelbarer Nähe zu den Versuchseinrichtungen arbeiten müssen. Falls möglich, sollen die Partikel auf Oberflächen von z. B. Anlagen keine Kontamination hinterlassen.

- Nebeldichte und -beständigkeit

Damit die Strömungsvorgänge über möglichst lange Laufstrecken beobachtet werden können, sollte die Nebeldichte hoch sein.

- Strömungsbeeinflussung

Zur Erfassung der realen Strömungsbedingungen müssen die Lichtstreuteilchen störungsfrei in die Reinraumströmung eingebracht werden.

4 Auswahl von Untersuchungsmethoden und Entwicklung von Versuchseinrichtungen

4.1 Auswahl der Meßgeräte

4.1.1 Geschwindigkeitsanemometer

Die oben beschriebenen Meßgeräte bzw. Meßverfahren sind in *Bild 8* den Auswahlkriterien gegenübergestellt und bewertet.

Meßgerät / Auswahlkriterium	Flügelrad-anemometer	Thermoelektrische Anemometer		Laser-Doppler-Anemometer
		Hitzdrahtsonden	Heißfilmsonden	
		1 Draht / 3 Drähte	Kugel	
punktuelle Messungen	○	◐ ◐	●	●
kleine Zeitkonstante(< 0,2 s)	○	● ●	●	●
richtungsunabhängige Messung	○	○ ●	●	●
geringe Strömungsbeeinflussung	◐	◐ ◐	◐	●
Meßbereich < 0,15 m/s	◐	● ●	●	●
geringer Meßaufwand	●	● ◐	●	○
automatische Auswertung	○	● ●	●	●

● Kriterium erfüllt   ◐ Kriterium teilweise erfüllt   ○ Kriterium nicht erfüllt

Bild 8: Bewertung der in Frage kommenden Meßgeräte bzw. Meßverfahren zur Geschwindigkeits- und Turbulenzgradermittlung

Unter Berücksichtigung der genannten Anforderungen bietet sich die Verwendung eines thermoelektrischen Anemometers in Form einer Heißfilm-Kugelsonde an. Bei dem ausgewählten Meßgerät handelt es sich um ein Anemometer der Firma DANTEC mit der Bezeichnung "Low Velocity Flow Analyzer Mark II" /104/. Bei einer Messung wird die Geschwindigkeit über eine Zeitdauer von 60 Sekunden gemittelt, wobei das Gerät 4 Messungen pro Sekunde durchführt. Die Zeitkonstante des Anemometers ist kleiner als 0,1 Sekunden (63 % Wert). Während der pysikalisch exakt definierte Turbulenzgrad die Schwankungsbewegungen in den drei Achsrichtungen berücksichtigt, ermittelt die Heißfilmsonde einen aus dem Quotienten der Standardabweichung $\sigma(c)$ und dem zeitlichen Mittelwert der Geschwindigkeit $\bar{c}$ gebildeten Turbulenzgrad Tu* an einem ortsfesten Raumpunkt. Der formelmäßige Zusammenhang ergibt sich zu

$$\bar{c} = \frac{1}{m} \sum_{i=1}^{m} c_i \tag{10}$$

$$\sigma(c) = \sqrt{\frac{1}{m-1} \sum_{i=1}^{m} (c_i - \bar{c})^2} \tag{11}$$

$$Tu^* = \frac{\sigma(c)}{\bar{c}} \quad . \tag{12}$$

Der mit der richtungsunabhängig gemessenen Geschwindigkeit c errechnete Turbulenzgrad Tu* stellt ein Maß für den physikalischen Turbulenzgrad Tu dar.

4.1.2   Auswahl der Partikelmeßgeräte

Für die in dieser Arbeit erforderlichen Partikelmessungen wird, basierend auf der von GEISSINGER /15/ durchgeführten Bewertung unterschiedlicher Meßverfahren, das Kondensationskernzählverfahren ausgewählt. Gemessen wird mit einem Gerät der Firma TSI /61/, welches ein Absaugvolumen von 1,4 l/min besitzt. Mit einem Sondendurchmesser von 14,25 mm ergibt sich die Strömungsgeschwindigkeit c, bei der eine isokinetische Probenahme erfolgt, mit

$$\dot{V} = c \cdot A \tag{13}$$

zu

$$c = \frac{\dot{V}}{\pi \cdot R^2} = 0,15 \; \frac{m}{s} \quad . \tag{14}$$

Das Gerät wird insbesondere wegen seines im Vergleich zu herkömmlichen optischen Partikelzählern kleinen, die Strömungsverhältnisse im Nachlauf von Versperrungen geringer beeinflussenden Absaugvolumens eingesetzt.

Die Ergebnisdarstellung nach Größenklassen der Partikel ist bei einem Kondensationskernzähler verfahrensbedingt nicht möglich. Ergibt sich bei einzelnen Messungen die Notwendigkeit einer solchen Darstellung, so wird ein Gerät der Firma CLIMET /105/ verwendet.

4.2 Entwicklung einer kontaminationsfreien, transportablen Laser-Lichtschnitt-Anlage zur Strömungssichtbarmachung

Zur Erzeugung einer lichtintensiven, ebenen Lichtscheibe kommt das Laser-Lichtschnitt-Verfahren zur Anwendung. Die räumliche und die zeitliche Umverteilung der Laserstrahlintensität erfolgt dabei mit Hilfe von Facettenscannern. Damit wird der bei statischen Linsensystemen erforderliche hohe Justieraufwand vermieden und die Anlage kann mit wesentlich geringerem Zeitaufwand für Strömungsuntersuchungen an unterschiedlichen Orten eingesetzt werden. Ein Polygonrad, das den aufgestellten Anforderungen für die Erzeugung einer Lichtschnittebene genügt, ist auf dem Markt nicht erhältlich und muß deshalb entwickelt werden. Aus sicherheitstechnischen Belangen sowie zur Vermeidung jeglicher Justiermaßnahmen zwischen Laser und Strahlteiler wird der Laserstrahl über eine Glasfaseroptik zum Facettenscanner geführt. Die entwickelte Laser-Lichtschnitt-Anlage besteht aus den in *Bild 9* aufgeführten Hauptsystemen.

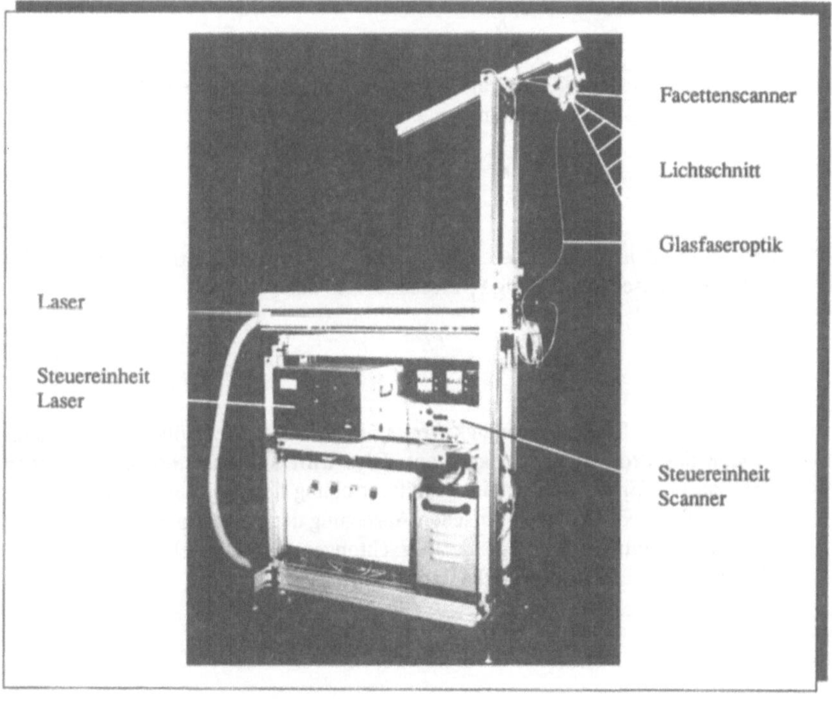

Bild 9:   Laser-Lichtschnitt-Anlage

- Laser/Glasfaseroptik

Bei dem Laser handelt es sich um einen Argon-Ionen-Laser, der im Grünlicht-
bereich im "multi-line-mode" betrieben wird. Der Laser liefert im sichtbaren
Frequenzbereich bei Wellenlängen zwischen 488 und 514,5 nm eine Maximal-
leistung von 3,0 W. Der Lichtwellenleiter hat eine Länge von 5,0 m und
verursacht Leistungsverluste von weniger als 5 %.

- Facettenscanner

Kinematische Spiegelsysteme unterscheiden sich von statischen Linsensystemen
dadurch, daß die Ausleuchtung der erzeugten Schnittebene nicht mehr zeitlich
konstant erfolgt. Abhängig von der Auslegung kann jedoch eine zeitgemittelt
sehr homogene Ausleuchtung erzielt werden.

Mittels der Beziehung

$$\alpha = \frac{2\pi}{N} \tag{15}$$

ergeben sich die jeweiligen Scanwinkel α. Für die von der Drehzahl n abhängige
Scanfrequenz gilt die Beziehung

$$f = \frac{n}{60} \cdot N \quad . \tag{16}$$

Die über den Gauß'schen Strahlradius s (R) gemittelte Intensität der
maximalen Laserlichtleistung P_L errechnet sich nach /69/ zu

$$I_1(R) = \frac{P_L}{\pi \cdot s^2(R)} \tag{17}$$

Für konstante Scangeschwindigkeiten s_c bleibt auch die Höhe der Intensität
entlang der Projektionslinie konstant. Dies trifft auf Facettenscanner jedoch
nicht zu. Die Ermittlung der Intensitätsverteilung des projizierten Strahles, die
ausschließlich von der geometrischen Auslegung des Facettenscanners abhängig
ist, erfordert einige grundlegende Betrachtungen. Die Darstellungen in *Bild 10*
dienen zur Herleitung der mathematischen Zusammenhänge.

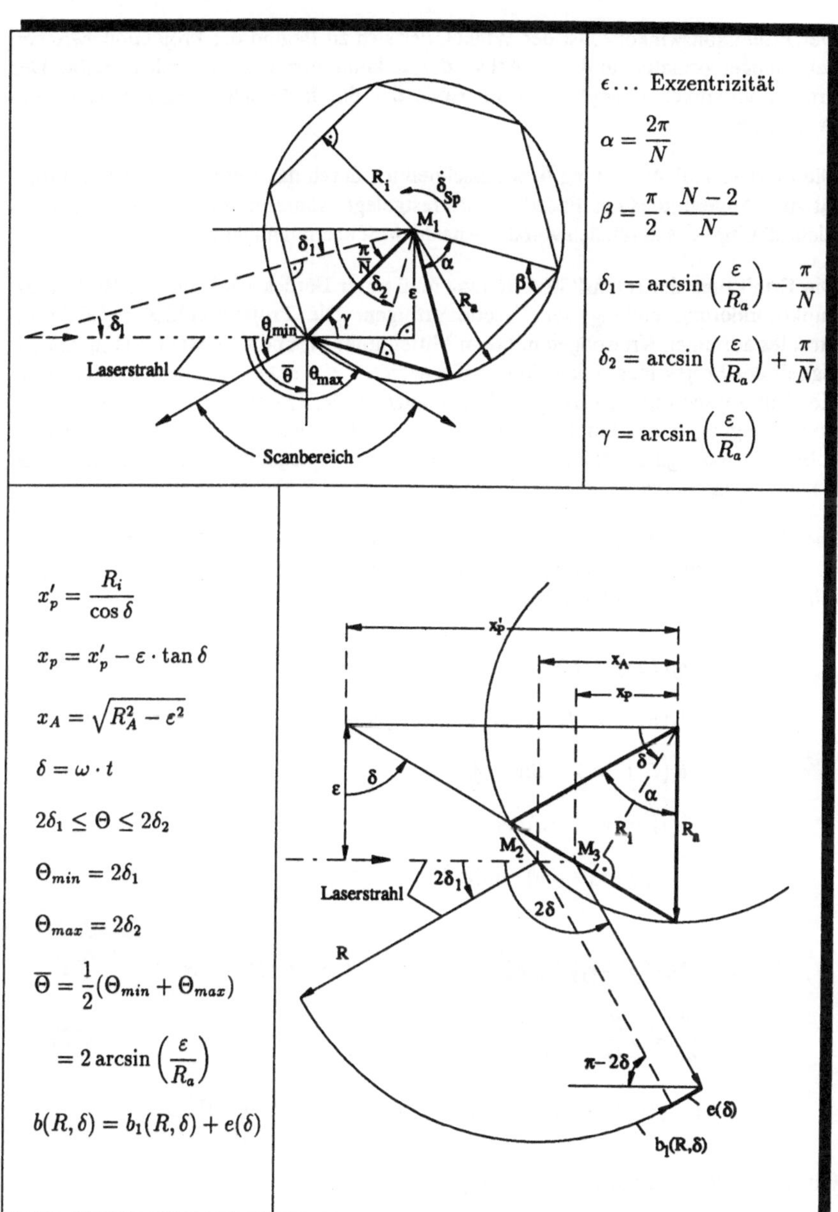

Bild 10: Geometrische Zusammenhänge bei der Auslegung von Facettenscannern

Der Projektionswinkel δ_1 ist der Winkel, der sich zu Beginn der Projektion zwischen der Spiegelnormalen und der Achse des ankommenden Laserstrahls ergibt. Der Projektionswinkel δ_2 ergibt sich am Ende der durch denselben Spiegel erzeugten Projektion.

Die mittlere Ablenkrichtung $\overline{\Theta}$ ist ausschließlich durch das Verhältnis der Exzentrizität zum Außenradius des Facettenrades festgelegt, während der Öffnungswinkel des Lichtschnittfeldes zusätzlich von der Anzahl der Facetten abhängig ist.

Die Ermittlung der Intensitätsverteilung muß unter Berücksichtigung der Reflexionspunktwanderung entlang der Facette erfolgen. Die Projektion des reflektierten Strahles auf einen Kreisbogen mit dem Mittelpunkt M_2 und dem Radius R in Abhängigkeit des Projektionswinkels in den Grenzen $2\delta_1 \leq \Theta \leq 2\delta_2$ setzt sich aus der durch die Rotationsbewegung erzeugten Bogenlänge $b_1\,(R,\delta)$ und der durch die Translationsbewegung erzeugten Sehnenlänge $e\,(\delta)$ zusammen. Die Sehnenlänge ersetzt dabei in sehr guter Näherung den durch die Spiegelpunktsdrift entstehenden Bogenlängenzuwachs.

Die Intensitätsverteilung entlang der Projektionslinie $b\,(R,\delta)$ ergibt sich bei konstanter Winkelgeschwindigkeit des Scanners in Abhängigkeit von der Scangeschwindigkeit wie nachfolgend aufgezeigt:

$$b(R,t) = b_1(R,t) + e(t) \tag{18}$$

$$b_1(R,t) = 2R \cdot (\delta - \delta_1) = 2R \cdot (\omega t - \delta_1) \tag{19}$$

$$b_1(R,t) = 0 \quad \text{für} \quad \delta = \delta_1$$

$$e(t) = (x_A - x_P) \cdot \sin(\pi - 2\delta) \tag{20}$$

$$= (x_A - x_P) \cdot \sin(2\omega t)$$

$$b(R,t) = 2R \cdot (\omega t - \delta_1) + \sqrt{R_a^2 - \varepsilon^2} \cdot \sin 2\omega t - 2\sin \omega t \cdot (R_i - \varepsilon \sin \omega t) \tag{21}$$

$$s_c(R) = \frac{db}{dt} = \omega \frac{db}{d\delta} \tag{22}$$

$$= \omega \cdot (2R + 2\sqrt{R_a^2 - \varepsilon^2} \cos 2\delta - 2\cos \delta \cdot (R_i - 2\varepsilon \sin \delta)) \quad .$$

Für die mittlere Scangeschwindigkeit gilt

$$\overline{s_c}(R) = \frac{\omega}{\delta_2 - \delta_1} \int_{t_1 = \frac{\delta_1}{\omega}}^{t_2 = \frac{\delta_2}{\omega}} s_c(R,t)dt = \frac{\omega}{\delta_2 - \delta_1} \cdot \left(b(R,\tfrac{\delta_2}{\omega}) - b(R,\tfrac{\delta_1}{\omega})\right) \tag{23}$$

$$\overline{s_c}(R) = 2\omega R \quad .$$

Da sich das Verhältnis der lokalen zur zeitgemittelten Intensität reziprok zum Verhältnis der lokalen zur mittleren Scangeschwindigkeit verhält, besitzt die Beziehung

$$I(R, \delta) = \overline{I}(R) \frac{\overline{s_c}(R)}{s_c(R, \delta)} \tag{24}$$

$$= \frac{\overline{I}(R) \cdot R}{R + \sqrt{R_a^2 - \varepsilon^2} \cdot \cos 2\delta - \cos \delta (R_i - 2\varepsilon \sin \delta)}$$

Gültigkeit.

Die bezüglich der Facettenzahl invariante Beziehung

$$\overline{\Theta} = f\left(\frac{\varepsilon}{R_a}\right) \neq f(N) \tag{25}$$

gestattet es, in einem geschlossenen Gehäuse mehrere Facettenräder mit gleichem R_a und unterschiedlicher Facettenzahl N auf einer gemeinsamen Achse anzubringen. Der Öffnungswinkel des erforderlichen Gehäusefensters ist durch das Facettenrad mit der geringsten Anzahl von Facetten festgelegt. Die verschiedenen Scannerräder können durch axiales Verschieben der Kollimatoroptik angefahren werden. Die Exzentrizität bleibt dabei konstant.

Die Bereichsgrenzen des Scanfeldes ändern sich entsprechend der Beziehung

$$\overline{\Theta} - \alpha \leq \Theta \leq \overline{\Theta} + \alpha. \tag{26}$$

Dadurch kann die Beleuchtung an die Größe und die Entfernung des gewünschten Bildausschnittes vom Facettenscanner auf einfache Weise angepaßt werden.

Sinnvolle Grenzen für die Exzentrizität ϵ ermitteln sich unter Berücksichtigung der Bedingungen

- keine Rückspiegelung des Strahls in sich selbst: $\qquad \epsilon > R_a \cdot \sin \dfrac{\pi}{N} \tag{27}$

- kein Vorbeistrahlen am Scanner: $\qquad \epsilon < R_a \cdot \cos \dfrac{\pi}{N} \quad . \tag{28}$

Entwickelt und realisiert wurde ein Mehrfachfacettenscanner mit vier Facettenrädern. Die Räder des Mehrfachfacettenscanners weisen eine Anzahl N von 24, 16, 12 und 8 Spiegeln auf, wodurch sich Scanwinkel von 15°, 22,5°, 30° und 45° ergeben.

Bild 11 zeigt den Verlauf des von f und R abhängigen Verhältnisses der lokalen zur zeitgemittelten Intensität für verschiedene R über dem Projektionswinkel δ beim Facettenrad mit 8 Spiegeln. Die Maximalabweichung beträgt bei 0,5 m Radius 1,9 %. Da diese Abweichung mit größer werdendem Radius sowie einer größeren Anzahl N von Spiegeln kleiner wird, kann die Ausleuchtung als nahezu homogen bezeichnet werden.

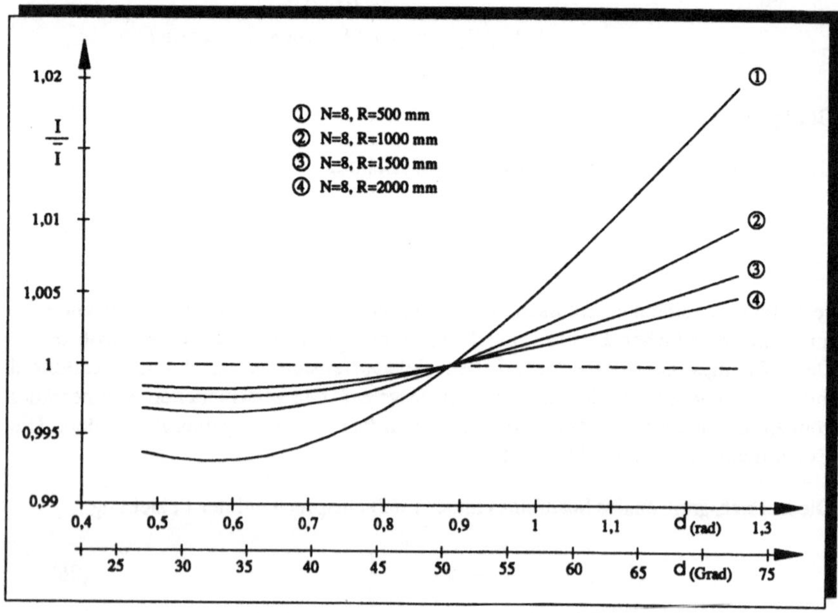

Bild 11:   Verlauf des Verhältnisses der lokalen zur zeitgemittelten Intensität über dem Projektionswinkel δ beim Facettenrad mit 8 Spiegeln

Die Lichteintritts- und -austrittszonen wurden mit Duranglas geschlossen, die Welle an einen gekapselten Elektromotor gekoppelt und so ein hermetisch abgeschlossenes System realisiert, welches auch an Stellen hoher Reinheitsanforderungen positioniert werden kann. Die kardanische Aufhängung des Scanners gewährleistet eine fast beliebige Positionierung des erzeugten Lichtschnittes um die Drehachse der Gelenkaufhängung.

Die Tracerpartikel stellen sich in der Strömung zeitabhängig als Bahnlinien dar. Um eine ausreichend hohe Auflösung zu gewährleisten, wird die Maximallänge dieser Bahnlinien bei Zeitaufnahmen mit 10 mm festgelegt. Bei einer Strömungsgeschwindigkeit von 0,5 $^m/_s$ legt ein Tracerpartikel diese 10 mm in einer Zeit von $^1/_{50}$ s zurück.

Diese Zeit entspricht der maximal zulässigen Belichtungzeit einer Kamera. Das Facettenscanrad mit 8 Spiegeln scannt den Bildausschnitt bei einer Antriebsfrequenz der Welle von

$$f = \frac{50}{8} Hz \qquad (29)$$

genau einmal ab. Um Abweichungen der Bildausleuchtung von derjenigen, die für f => ∞ erreicht würde, zu minimieren, wird die erforderliche Scanfrequenz zu

$$f_{erf} > 20f \qquad (30)$$

festgelegt.

Mit dieser Festlegung ergibt sich eine notwendige Mindestdrehzahl des Scannerantriebes von n_{erf} = 7500 Umdrehungen pro Minute. Es wurde eine Maximaldrehzahl des Scannerantriebes von 10000 Umdrehungen pro Minute realisiert.

4.3 Tracer-Erzeugung und -Einbringung

In *Bild 12* sind die zur Diskussion stehenden Verfahren zur Tracer- bzw. Nebelerzeugung einer Bewertung unterzogen.

Verfahren / Auswahl-Kriterium	Rauchdraht-Technik	Nebelgenerator		Rauchprüf-röhrchen
		Öl	Wasser	
Erzeugung luftgetragener Partikel	●	●	◒	●
nicht giftig	●	◒	●	○
nicht kontaminierend	○	○	●	○
hohe Nebeldichte	●	●	◒	◒
störungsfreie Einbringung	●	○	○	●

● Kriterium erfüllt   ◒ Kriterium teilweise erfüllt   ○ Kriterium nicht erfüllt

Bild 12:   Bewertung der Techniken zur Tracer- bzw. Nebelerzeugung mit den Auswahlkriterien

Die Rauchdraht-Technik stellt neben den Prüfröhrchen das einzige Verfahren dar, mit welchem der erzeugte Nebel störungsfrei in die Strömung eingebracht werden kann. Prinzipiell kann eine Nebelwand beliebiger Breite erzeugt werden. Im Gegensatz hierzu kann mit den Prüfröhrchen nur eine punktförmige Nebeleinbringung realisiert werden, was gleichbedeutend mit der Erzeugung einer einzigen Stromlinie ist.

Zur Anwendung kommt deshalb die Rauchdraht-Technik. Um die Haftfähigkeit des eingesetzten Glyzerins zu erhöhen, wird ein dreifach verdrillter Stahldraht mit einem Durchmesser von 0,2 mm verwendet. Mit Gleichung (5) ergibt sich mit einem idealisierten Drahtdurchmesser von 0,5 mm die Reynolds Zahl zu $Re_d = 12{,}5$.

Von HOMANN bereits 1936 durchgeführte Untersuchungen belegen, daß Kreiszylinder mit Reynolds Zahlen unter 30 einen laminaren Nachlauf aufweisen /106/. Somit ist die störungsfreie Einbringung des Nebels in die Strömung gewährleistet.

Da das Verfahren Kontamination verursacht, müssen die Untersuchungen in einem Reinraum durchgeführt werden, in dem keine hohen Anforderungen an die Umgebungsreinheit gestellt werden.

Bei Strömungsuntersuchungen unter hohen Reinheitsbedingungen können mit einem Reinstwasser-Nebelgenerator die Strömungsverhältnisse im Reinraum nur global beurteilt werden.

4.4 Aufbau eines automatisierten Prüfstandes zur Durchführung von Geschwindigkeitsrastermessungen

Zur Durchführung der Geschwindigkeitsrastermessungen sowie der experimentellen Strömungsuntersuchungen steht ein Reinraummodul mit der Grundfläche 2,5 x 3,5 m zur Verfügung. Der in diesem Reinraum vorherrschende Turbulenzgrad Tu^* der turbulenzarmen Verdrängungsströmung kann durch den kompletten Austausch der den Filtern nachgeschalteten Gleichrichter zwischen 1 und 8 % variiert werden. Des weiteren besteht die Möglichkeit, die mittlere Strömungsgeschwindigkeit stufenlos zu regeln.

Um in einer Ebene des Reinraumes Geschwindigkeits- und Turbulenzgradwerte ermitteln zu können, wurde der in *Bild 13* abgebildete Prüfstand realisiert.

Die Teilsysteme des Prüfstandes bestehen aus einem frei programmierbaren kartesischen Handhabungssystem, den Schrittmotorendstufen, der Heißfilmsonde mit Digitalschnittstelle und der Auswerteeinheit in Form eines Rechners.

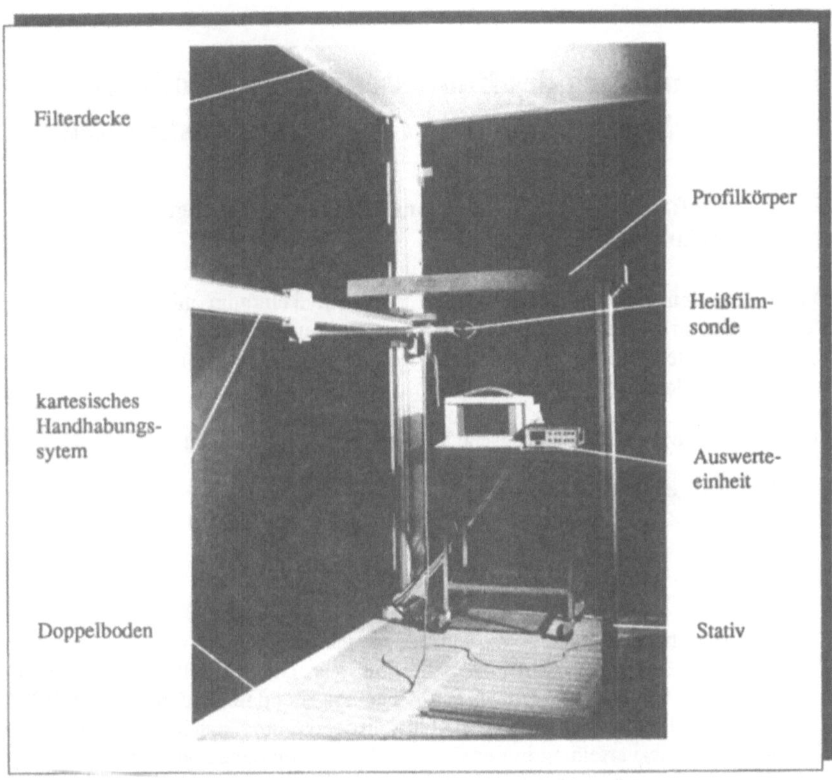

Bild 13: Prüfstand zur Durchführung von Geschwindigkeitsrastermessungen

Zur Durchführung der erforderlichen Partikelmessungen kann auf einen bestehenden Prüfstand zurückgegriffen werden, der in einem Reinraum der Klasse 1 installiert ist.

5 Ermittlung des Einflusses unterschiedlicher Turbulenzintensitäten der Reinraumströmung

5.1 Einflußbereich von Funktionsträgern auf die ungestörte Reinraumströmung

Durch Turbulenzuntersuchungen werden in einem Reinraum mit turbulenzarmer Verdrängungsströmung bei unterschiedlichen Deckenaufbauten die Auswirkungen von zwei Lufteinführungsprinzipien auf die Umströmung von Funktionsträger repräsentierenden Profilkörpern bestimmt.

Dazu lassen sich folgende theoretische Vorüberlegungen anstellen:

- Die auf einen Profilkörper mit dem Durchmesser $d = 60\,mm$ bezogene Reynolds Zahl berechnet sich nach Gleichung (5) mit $c = 0,4\,{}^{m}/_{s}$ zu

$$Re_d = \frac{c \cdot d}{\nu} = 1710 \quad .$$

Bei solch hohen Reynolds Zahlen bilden sich im Nachlauf von Kreiszylindern Wirbelstraßen von regelmäßiger Struktur aus. Die Wirbelfrequenzen dieser KARMANschen Wirbelstraßen /107/ sind eingehend untersucht worden /108/. Die Wirbel bilden sich durch die Ablösung der Wandgrenzschicht, die ihrerseits mit der Druckverteilung in der Grenzschicht zusammenhängt. Bei der Kreiszylinderumströmung findet für ein Teilchen zuerst eine Umsetzung von Druck in kinetische Energie und danach die gleiche Umsetzung von kinetischer Energie in Druckenergie statt. Bei letzterem Vorgang hat ein in der Grenzschicht strömendes Flüssigkeitsteilchen durch die starken Reibungskräfte jedoch soviel seiner kinetischen Energie eingebüßt, daß es in dem Gebiet ansteigenden Druckes zum Stillstand kommt und entgegen der Außenströmung in Bewegung gesetzt wird. Dadurch löst sich die Strömung von der Wand ab. Wann es zur Strömungsablösung kommt, hängt insbesondere davon ab, ob die Grenzschicht einen laminaren oder turbulenten Charakter aufweist. Während die Theorie der laminaren Grenzschicht mit der NAVIER-STOKESschen Differentialgleichung für zähe Flüssigkeiten rein deduktiv behandelt werden kann /109, 110/, ist dies bei turbulenten Strömungen bis heute nicht möglich, da der turbulente Strömungsmechanismus wegen seiner Kompliziertheit einer rein theoretischen Behandlung nicht zugänglich ist /78/. Die theoretische Behandlung der turbulenten Strömung muß sich deshalb weitgehend auf Versuchsergebnisse stützen.

Der Umschlag von laminarer in turbulente Strömung in der Grenzschicht eines umströmten Körpers wird von vielen Parametern beeinflußt, von denen neben der Reynolds Zahl die wichtigsten der Druckverlauf der Außenströmung,

die Wandbeschaffenheit und der Grad der Störungsfreiheit der Außenströmung
(Turbulenzgrad) sind. Die Fähigkeit der turbulenten Strömungen, einen
Druckanstieg ohne Ablösung zu überwinden, ist sehr viel größer als die der
laminaren Strömung. So erfolgt bei der Kreiszylinderumströmung die Ablösung
bei laminarer Grenzschicht viel weiter vorn als bei turbulenter Strömung. Die
Wanderung des Ablösepunktes entgegen der Strömungsrichtung bedingt zum
einen wachsende Energieverluste und zum anderen eine nicht unerhebliche
Vergrößerung des Nachlauf- und Totwassergebietes. Ein bekanntes Beispiel
hierfür ist die Strömung um ein Tragflügelprofil.

Einen weiteren Einflußfaktor stellt der bei einer Reduzierung des Turbulenzgrades der Außenströmung ebenfalls verringerte, in Querrichtung zur Anströmung vorhandene Impulsaustausch dar. Je laminarer die Außenströmung ist,
desto geringer sind die Querbewegungen senkrecht zur Anströmrichtung und
desto größer ist der Einflußbereich eines der Strömung entgegengesetzten
Impulses in Form einer Versperrung.

In einem leeren Reinraum mit turbulenzarmer Verdrängungsströmung stellen sich in
der ungestörten Strömung die in *Bild 14* für die mittleren Geschwindigkeiten und die
mittleren Turbulenzgrade angegebenen Werte ein.

Die Referenzmessungen erfolgen in einem leeren Reinraum in einem Abstand von
1,4 m zum Doppelboden. Der Abstand der Filterebene zum Doppelboden beträgt
3,0 m, derjenige der Lochblech- und Laminarisator-Ebene 2,8 m.

Bei den Schwebstoffilter-Elementen handelt es sich um Filter der Klasse U /46/. Das
bei den Untersuchungen verwendete Lochblech weist in versetzten Reihen angeordnete Rundlochungen auf. Die Teilung des Lochbleches beträgt T_L = 6, die Lochweite
W = 3 mm und die relative freie Lochfläche A_F = 23 % /111/. Das Gewebe des
Laminarisators besteht aus monofilem Nylon. Der Fadendurchmesser beträgt 39 μm,
die Maschenweite 45 μm und die relative freie Querschnittsfläche 28,75 %. Bei einer
Anströmgeschwindigkeit c = 0,45 ^{m}/$_s$ verursacht das Gewebe einen Druckverlust von
25 Pascal. Die einzelnen Laminarisatorelemente bestehen aus einem Aluminium-
rahmen, auf den das Gewebe aufgespannt ist. Der aus einem Dreieckprofil
bestehende Rahmen ist so angeordnet, daß er für die Strömung nur eine minimale
Versperrung darstellt.

Die in *Bild 14* für den mittleren Turbulenzgrad angegebenen Werte zeigen, daß die in
einem Deckenabstand von ungefähr 1,5 m mit dem Lochblech als Gleichrichter
erzeugten Strömungsverhältnisse mit denen unter einem Filterelement ohne nachgeschaltete Abströmhilfe vergleichbar sind. Der Einfluß der Rasterelemente ist bei der
freien Filterdeckenabströmung auch nach einer Lauflänge von 1,6 m noch deutlich
erkennbar.

Deckenaufbau	Filterdecke		Filterdecke mit nachgeschaltetem	
Parameter	Filterelement	Rasterelement	Lochblech	Laminarisator
mittlere Temperatur T ($^\circ$C)	21	21	21	21
mittlere Geschwindig-keit $\bar{c}$ (m/s)	0,42	0,42	0,42	0,42
mittlerer Turbulenz-grad Tu^*_m (%)	3,8	4,6	3,5	0,96
Tu^*_{min} (%)	3,3	3,3	2,5	0,51
Tu^*_{max} (%)	4,3	5,9	4,5	1,42

Bild 14: Mittlere Geschwindigkeits- und Turbulenzgradwerte bei unterschiedlichen Reinraum-Deckenaufbauten

Da in der oben angegebenen Meßebene durchgeführte Voruntersuchungen beim Filterelement und Lochblech nur sehr gering voneinander abweichende Ergebnisse lieferten, sind nachfolgend exemplarisch die bei den Profiluntersuchungen mit der Lochblech- sowie mit der Laminarisatordecke als nachgeschaltete Abströmhilfe erhaltenen Ergebnisse dargestellt. Um den Vergleich der Auswirkungen dieser beiden Lufteinführungsprinzipien auf die Umströmung eines Rohrprofiles mit dem Außendurchmesser 60 mm, eines Vierkantprofiles mit abgerundeten Ecken (Kanten-radius 3 mm) und den Kantenlängen von 60 mm und eines U-Profiles aus 2 mm starkem Aluminiumblech mit den gleichen Kantenlängen, offenen Stirnflächen und abgerundeten Ecken bestimmen zu können, werden im Abstand von 20, 100, 200, 300 und 500 mm von der Unterkante der Profile Meßquerschnitte festgelegt. Die Größe des Durchmessers und der Kantenlänge von 60 mm ist ein bei der oben beschriebe-nen Analyse von Fertigungsanlagen ermittelter, repräsentativer Durchschnittswert. Die Messungen erfolgen an den 1500 mm langen Profilen in einer von den Profil-stirnseiten unbeeinflußten Vertikalebene.

Die gemessenen Mittelwerte der Geschwindigkeit sowie die errechneten Turbulenz-grade können für die verschiedenen Meßquerschnitte in Form von Kurvenverläufen dargestellt werden. Anhand dieser Kurvenverläufe läßt sich die vom Abstand zum jeweiligen Profil abhängige Ausdehnung des Nachlauf- und Totwassergebietes bestimmen.

Das Nachlaufgebiet wird von der "gesunden", ungestörten Strömung begrenzt. Der Übergang vom Nachlaufgebiet zur ungestörten Strömung liegt vor, sobald sich die Steigungen der Turbulenzgrad- und der Geschwindigkeitskurven nicht mehr wesentlich ändern. Die Strömung in der Umgebung der Profilkörper ist instationär. Die nachfolgend angegebenen Abstände sind deshalb nicht als Absolutwerte zu verstehen. Sie können im Bereich von ungefähr ± 5 % schwanken. Die Aussagefähigkeit der Ergebnisse wird dadurch jedoch nicht verringert.

Das in *Bild 15* aufgezeichnete Diagramm zeigt den Geschwindigkeits- und Turbulenzgradverlauf für das Vierkantprofil im Abstand von 20 mm von der Profilunterkante bei Verwendung der Lochblechdecke.

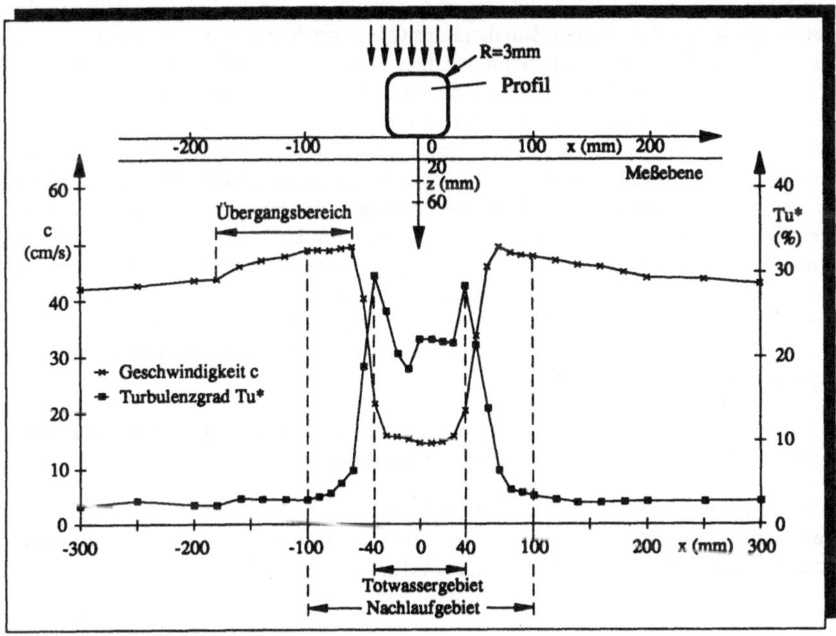

Bild 15: Geschwindigkeits- und Turbulenzgradverlauf für das Vierkantprofil 20 mm unterhalb der Profilunterkante bei Verwendung der Lochblechdecke

Beim Geschwindigkeitsverlauf ist ein Übergangsbereich erkennbar, der eine im Vergleich zur ungestörten Strömung leicht ansteigende Geschwindigkeit aufweist. Diese "Übergeschwindigkeiten" werden durch die Verdrängungswirkung des Profilkörpers verursacht. Die im Nachlaufgebiet verzögerte Strömungsgeschwindigkeit ist am Kurvenverlauf deutlich erkennbar.

Zur Ermittlung des Überganges von der ungestörten zur beeinflußten Strömung sowie der Grenzen des Totwassergebietes liefert der Turbulenzgrad den charakteristischeren Kurvenverlauf. Der Ort, ab dem der Turbulenzgrad größer wird, läßt sich gut bestimmen. Der Übergang vom Nachlauf- zum Totwassergebiet ist dadurch gekennzeichnet, daß der Turbulenzgrad einen Maximalwert erreicht. Dieser Maximalwert ist die Folge des turbulenten Austausches, durch den Material an der Totwassergrenze aus dem Totwassergebiet mitgerissen wird. Die Ausdehnung des Nachlaufgebietes auf der x-Koordinate beträgt $\pm$ 100 mm, diejenige des Totwassergebietes $\pm$ 40 mm.

Bild 16 zeigt die für das Vierkantprofil in den einzelnen Meßquerschnitten aufgenommenen Kurvenverläufe.

Die Querausdehnung des Einflußbereiches vergrößert sich in Abhängigkeit von der Lauflänge, wobei die relative Zunahme der Querausdehnung mit wachsender Entfernung von der Profilunterkante abnimmt. Das Turbulenzgradniveau nähert sich durch Dissipationsvorgänge mit größer werdendem Abstand von der Störquelle immer weiter an das im Reinraum vorhandene Grundniveau der Turbulenz an. Da die Länge des Rückströmbereiches (Totwassergebiet) anhand der Kurvenverläufe nur schwer ermittelt werden kann, wird sie zusätzlich experimentell bestimmt. Hierzu wird dem Profilkörper im Nachlaufgebiet entgegen der Hauptströmungsrichtung ein Rauch-Prüfröhrchen angenähert. Der Punkt, ab dem der aus dem Röhrchen austretende Rauch zum ersten Mal nach oben getragen wird, bildet die untere Grenze des Totwassers innerhalb des Nachlaufgebietes. Durch diese Vorgehensweise wird die maximale Entfernung der unteren Totwassergrenze von der Profilunterkante ermittelt, da dieser Abstand aufgrund der instationären Strömungsverhältnisse gewissen Schwankungen unterworfen ist.

Bild 17 zeigt die auf diese Weise ermittelten Einflußbereiche des Rohr-, Vierkant- und U-Profiles für die Lochblech- und Laminarisatordecke im Vergleich.

Das mit Hilfe der Rauchdrahttechnik und des Laser-Lichtschnitt-Verfahrens bei der Laminarisatordecke sichtbar gemachte Umströmungsverhalten des Rohr-, Vierkant- und U-Profiles zeigen die Aufnahmen in *Bild 18*.

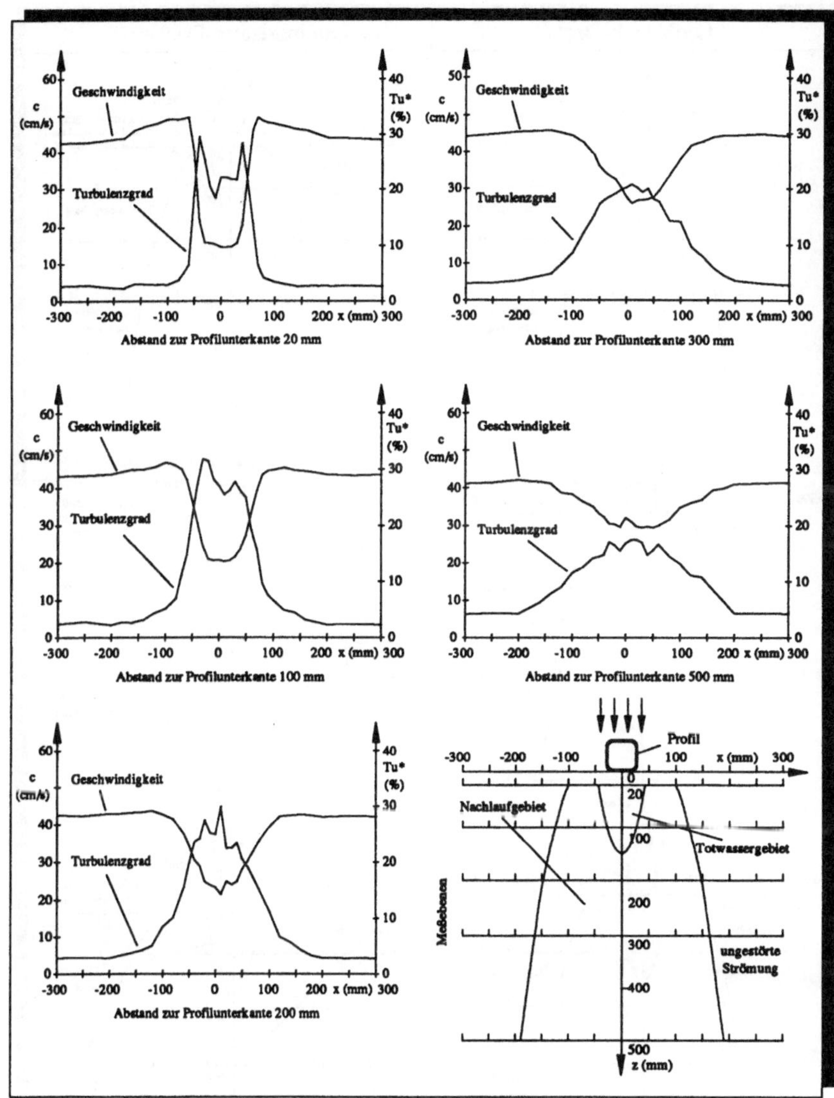

Bild 16: Kurvenverläufe des Turbulenzgrades und der Geschwindigkeit im Nachlauf eines Vierkantprofiles (60 x 60 mm) sowie Ausdehnung des Nachlauf- und Totwassergebietes bei Verwendung der Lochblechdecke

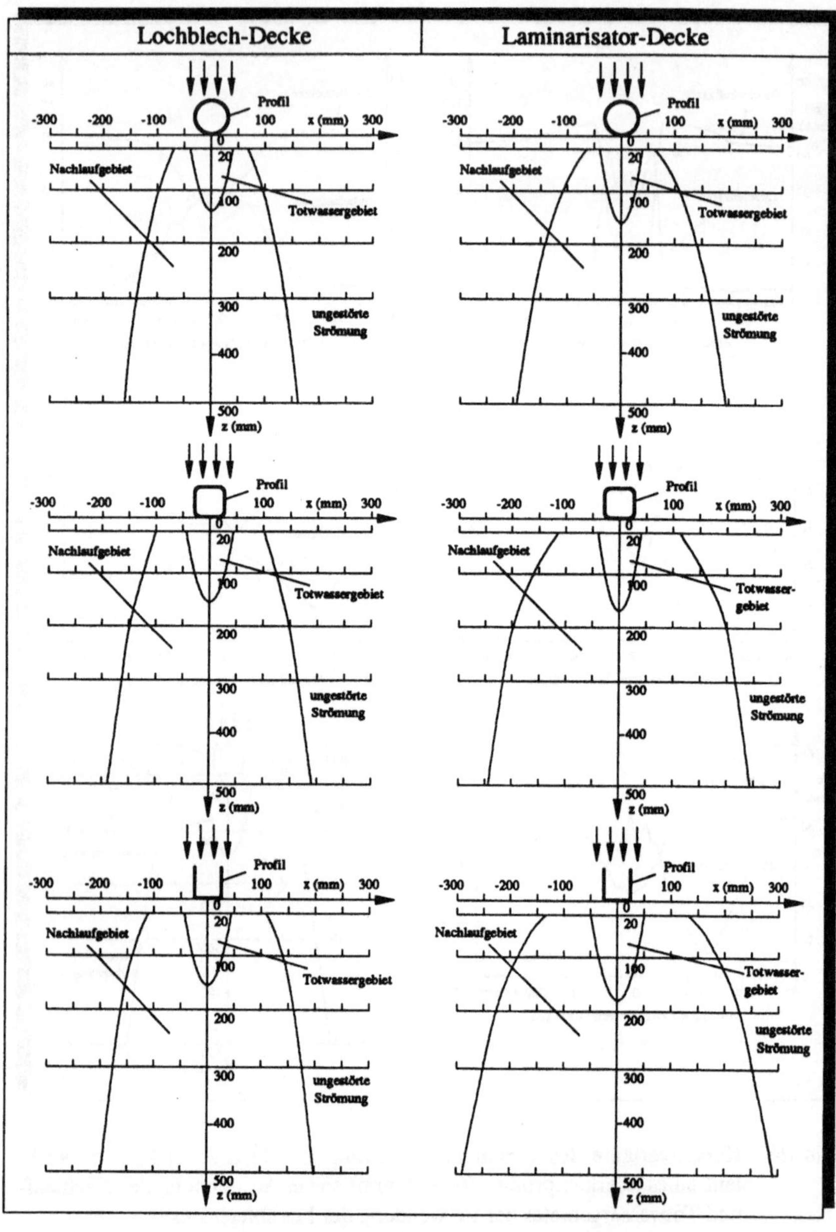

Bild 17: Einflußbereiche des Rohr-, Vierkant- und U-Profiles bei Verwendung der Lochblech- und Laminarisatordecke

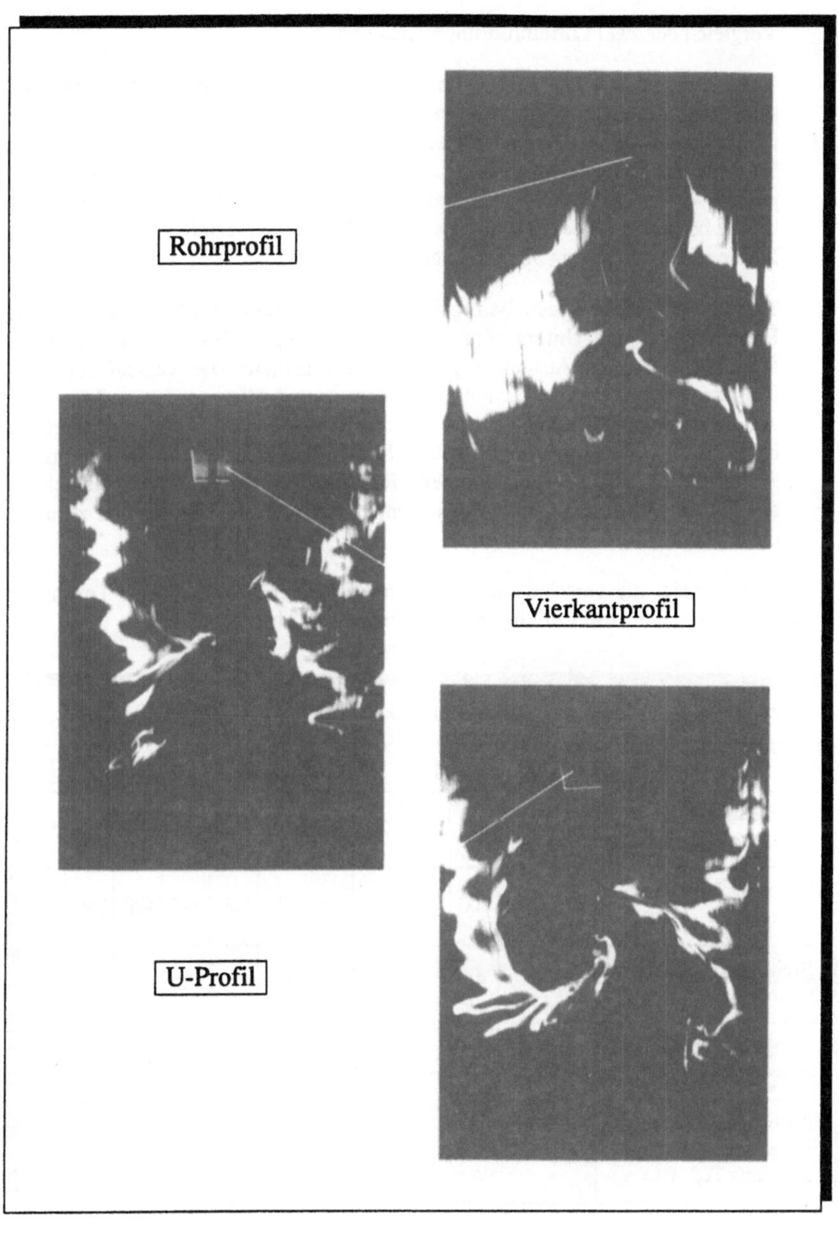

Bild 18: Sichtbar gemachtes Umströmungsverhalten des Rohr-, Vierkant- und U-Profiles bei der Laminarisatordecke

■ Vergleich der zwei Lufteinführungsprinzipien

Betrachtet man die sich beim Rohrprofil mit der Lochblech- und der Laminarisatordecke ergebenden Ausdehnungen des Nachlaufgebietes, so zeigt sich, daß im obersten Querschnitt 1 noch keine Unterschiede festzustellen sind (*Bild 17*). Im untersten Querschnitt 5 ist das Nachlaufgebiet bei der Laminarisatordecke jedoch 40 mm breiter als bei der Lochblechdecke. Der Rückströmbereich besitzt bei beiden Deckenkonfigurationen die gleiche Gestalt, ist jedoch bei der Laminarisatordecke um 30 mm länger.

Tendenziell ergeben sich beim Vierkant- sowie beim U-Profil die gleichen Erkenntnisse. Die Untersuchungsergebnisse belegen des weiteren, daß die Unterschiede in der Ausdehnung des Nachlaufgebietes bei verschiedenen im Reinraum herrschenden Grundturbulenzen umso größer werden, je höher der auf die ungestörte Strömung ausgeübte Störimpuls ist. So ist das Nachlaufgebiet beim U-Profil in Querschnitt 5 bei der Laminarisatordecke um 160 mm breiter als bei der Lochblechdecke. Wie beim Rohrprofil ist der Rückströmbereich bei der Laminarisatordecke im Vergleich zur Lochblechdecke länger, und zwar um etwa 20 mm.

Bild 19 zeigt die verschiedenen Ausdehnungen der Nachlauf- und Totwassergebiete bei den zwei Lufteinführungsprinzipien in einer Übersicht.

Deckenaufbau	Lochblechdecke						Laminarisatordecke					
Profilkörper	◯		◻		⊔		◯		◻		⊔	
Abstand der Meßebene zum Profil (mm)	20	500	20	500	20	500	20	500	20	500	20	500
Breite des Nachlaufgebietes (mm)	130	320	200	380	240	400	130	360	240	480	260	560
Breite des Totwassergebietes (mm)	70	-	80	-	80	-	60	-	70	-	100	-
Länge des Totwassergebietes (mm)	140		160		160		170		180		180	
Turbulenzgrad der ungestörten Reinraumströmung Tu_m^* (%)	3,5						0,96					

Bild 19: Vergleich der Ausdehnung der Nachlauf- und Totwassergebiete bei der Lochblech- und Laminarisatordecke

Die Ergebnisse belegen, daß die Ausdehnung des Nachlaufgebietes in der Quer-
schnittsebene 5 bei der Laminarisatordecke im Vergleich zur Lochblechdecke
abhängig von der strömungsgünstigen Gestaltung des Profilkörpers um 20 bis 30 %
größer ist. Die Totwassergebiete der Profilkörper sind bei der Laminarisatordecke
um 15 bis 25 % länger.

Vergleicht man das Niveau der Turbulenzgrade und Geschwindigkeiten im Nachlauf
der Profilkörper bei den zwei Lufteinführungsprinzipien, so zeigt sich, daß das
Turbulenzgradniveau bei der Laminarisatordecke immer höher und das Geschwin-
digkeitsniveau immer niedriger liegt als bei der Lochblechdecke.

Offensichtlich hat die Höhe der Grundturbulenz der ungestörten Strömung einen
Einfluß auf die Ausdehnung der Nachlaufgebiete. Die Verringerung des mittleren
Turbulenzgrades einer Reinraumströmung führt zu einer Aufweitung des
Nachlaufgebietes und einer Verlängerung des Totwassergebietes /112/.

Die in den Versuchen gewonnenen quantitativen Ergebnisse bestätigen die oben
angestellten theoretischen Vorüberlegungen.

5.2   Partikelausbreitung im Nachlauf von Funktionsträgern

Unter der Voraussetzung, daß die Oberfläche eines Funktionsträgers eine Partikelquelle aufweist, ist die ortsabhängige Partikelzahl je Volumenstrom im Nachlauf des
Funktionsträgers von besonderem Interesse. Zur Ermittlung der Partikelverteilung
werden durch eine auf der Unterseite des oben beschriebenen Rohr- und Vierkantprofiles angebrachte Bohrung mit einem Durchmesser von 1 mm kontinuierlich
Partikel emittiert. Die Messungen erfolgen in einem Reinraum der Klasse 1 unter
einem Filterelement ohne nachgeschaltete Abströmhilfe.

Um die Partikelwanderung in Profillängsrichtung zu erfassen, werden die Partikelmessungen in Richtung der Längsachse der Profile ausgedehnt. Die Messungen
erfolgen in Richtung der Profillängsachse bis zu einem Abstand von ± 100 mm.

Die Gesamtpartikelzahl der durch die Bohrung emittierten Partikel betrug im
Durchschnitt 100000 Partikel größer 0,01 μm pro Kubikfuß pro Minute. Davon hatten
ungefähr 4 % eine Größe zwischen 0,19 und 3,0 μm. Größe und Anzahl dieser 4000
pro Kubikfuß pro Minute emittierten Partikel basieren auf Erfahrungswerten aus
Untersuchungen der Partikelemission von Handhabungskomponenten /15/. Partikel
einer Größe von mehr als 3,0 μm wurden nicht erzeugt.

Nachfolgend werden die Untersuchungsergebnisse für das Rohr- und Vierkantprofil
dargestellt und diskutiert. *Bild 20* zeigt die ortsabhängig gemessenen Gesamt-
partikelzahlen in den unterschiedlichen Ebenen beim Rohrprofil in einer dreidimensionalen Darstellung. Des weiteren ist die maximale Querausdehnung der
Partikelverteilung mit derjenigen des bereits ermittelten Nachlaufgebietes verglichen.

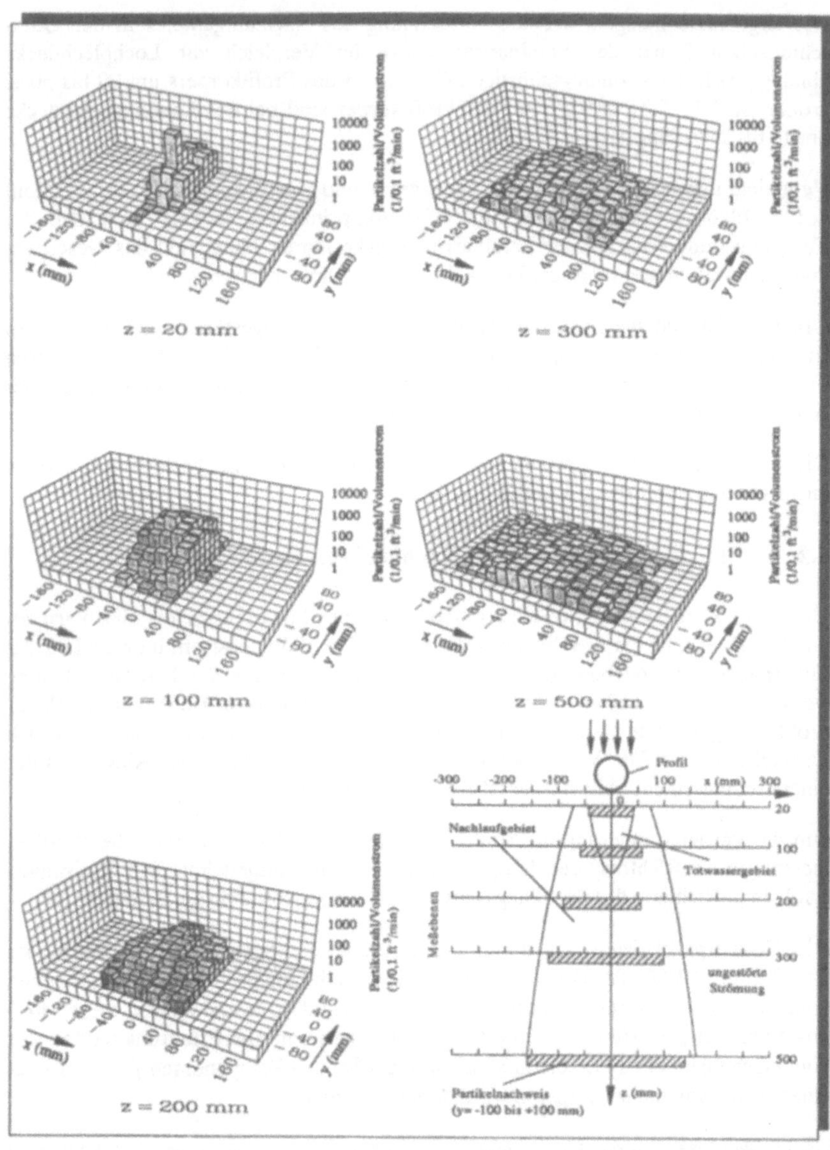

Bild 20: Logarithmische Auftragung der Anzahl der Partikel $> 0,01$ μm/0,1 ft³/min in verschiedenen Horizontalebenen des Nachlaufgebietes eines Rohrprofiles mit dem Durchmesser von 60 mm bei der freien Filterdeckenabströmung; Partikelquelle im Koordinatenursprung

Bild 21 zeigt eine analoge Darstellung für das Vierkantprofil.

Die Lage der Partikelquelle läßt sich sowohl durch die in einem Abstand von 20 als auch 100 mm von der Profilunterkante vorgenommenen Messungen genau lokalisieren. Mit wachsender Entfernung zum Profil kommt es infolge der im Nachlaufgebiet herrschenden Strömungsverhältnisse immer mehr zu einer Gleichverteilung der Partikel.

Es zeigt sich, daß die von den Profilen ausgehende Partikelkontamination nur innerhalb des Nachlaufgebietes der Profile nachgewiesen wird. Dieses Ergebnis beweist, daß die Partikel nicht aus dem von der frei umströmten Partikelquelle beeinflußten Strömungsbereich heraus gelangen. Die in den *Bildern 20* und *21* aufgetragenen Partikelverteilungen zeigen außerdem, daß die Anzahl der im Totwasser gemessenen Partikel sehr hoch ist. Dies läßt sich damit erklären, daß die Strömungsgeschwindigkeiten im Totwasser relativ niedrig sind und dem Totwasser ständig Luft von unten zufließt. Diese kontaminierte Luft steigt entgegen der Profilanströmrichtung langsam nach oben.

Den Nachweis, daß die Ausbreitung der Partikel größer 0,01 μm im Nachlauf eines Rohrprofiles derjenigen der Partikel größer 0,19 μm entspricht, liefert der Vergleich zwischen den nach Partikelgrößen klassifizierten Darstellungen in *Bild 22* und denen in *Bild 20*. Die im Durchschnitt 20 mm größere Ausbreitung der Partikel mit einer Größe zwischen 0,19 μm und 0,5 μm resultiert dabei aus dem 20-fach höheren Absaugvolumen des CLIMET-Meßgerätes /105/ gegenüber dem Kondensationskernzähler /61/.

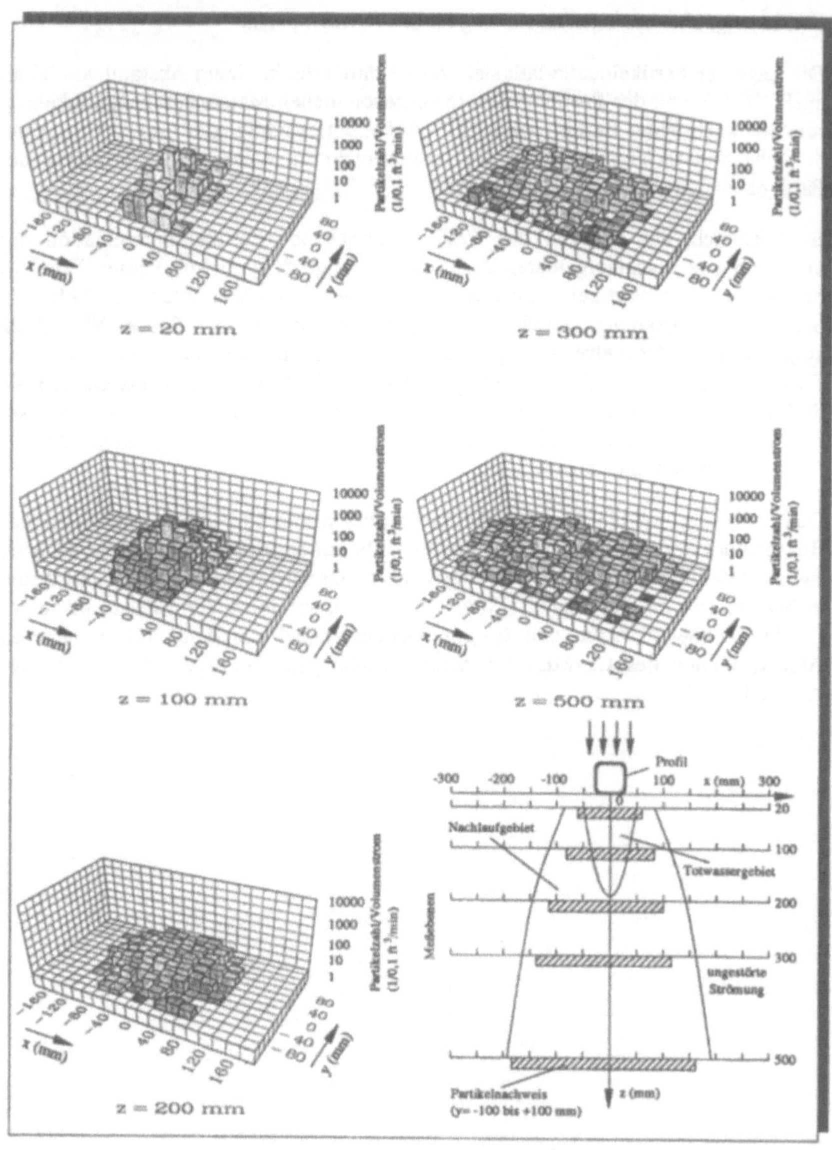

Bild 21: Logarithmische Auftragung der Anzahl der Partikel > 0,01 μm/0,1 ft^3/min in verschiedenen Horizontalebenen des Nachlaufgebietes eines Vierkantprofiles mit den Kantenlängen 60 mm bei der freien Filterdeckenabströmung; Partikelquelle im Koordinatenursprung

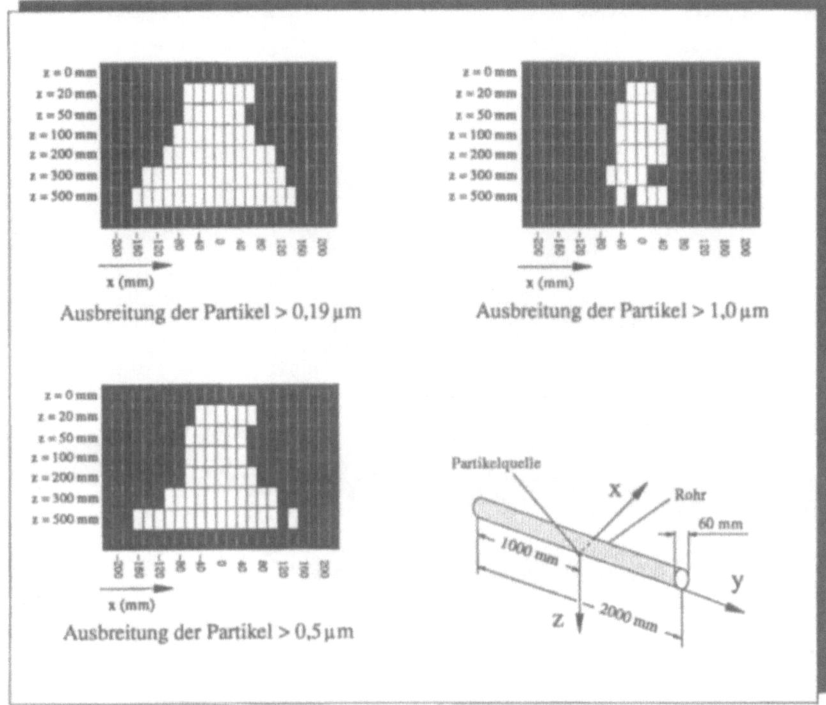

Bild 22: Partikelausbreitung in einer Vertikalebene (y = 0) des Nachlaufgebietes eines Rohrprofiles bei der freien Filterdeckenabströmung

Von besonderem Interesse ist die Erfassung der im Nachlaufgebiet vorhandenen, von einer punktförmigen Partikelquelle ausgehenden Querwanderung der Partikel in Profil-Längsrichtung. Die in *Bild 23* dargestellten Höhenlinien zeigen die Ausbreitung der Partikel in den einzelnen x-y-Ebenen bei verschiedenen z-Werten. Die Rohrlänge betrug hier 2000 mm, die Partikelquelle lag auf der unteren Mantelfläche in der den Koordinaten-Nullpunkt bildenden Rohrmitte.

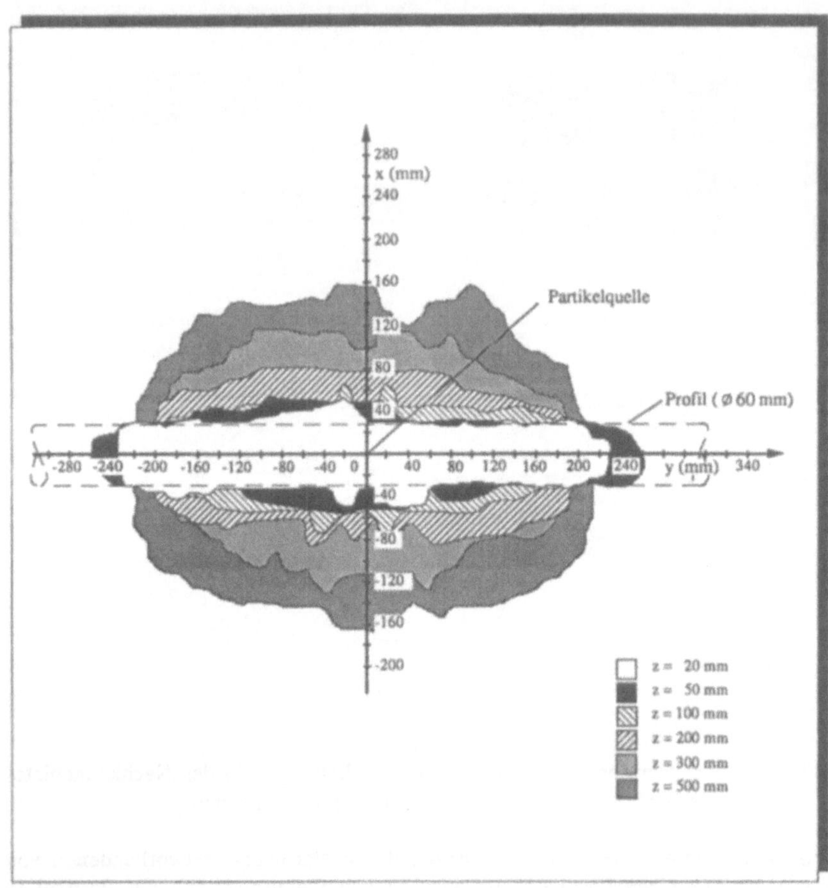

Bild 23:   Partikelausbreitung in den Horizontalebenen des Nachlaufgebietes eines Rohres in Abhängigkeit von der Entfernung zur Profilunterkante bei der freien Filterdeckenabströmung

Die Querwanderung der Partikel in Richtung der Längsachse des Rohrprofiles ist im Totwassergebiet am größten. Die Entfernung von der Partikelquelle, in der sich noch Partikel nachweisen lassen, beträgt hier 260 mm und ist damit größer als der vierfache Rohrdurchmesser.

Um zu ermitteln, welchen Einfluß die Lage der Partikelaustrittsstelle auf die Partikelausbreitung im Nachlauf des Rohres hat, wurde das Partikelvorkommen in einer x-z-Querschnittsebene bei seitlich angebrachter und der Anströmrichtung zugewandter Bohrung gemessen. Die in *Bild 24* aufgeführten Ergebnisse belegen, daß die Lage einer Partikelquelle auf der Profiloberfläche praktisch keine Auswirkung auf die Ausbreitung der Partikel im Nachlaufgebiet besitzt.

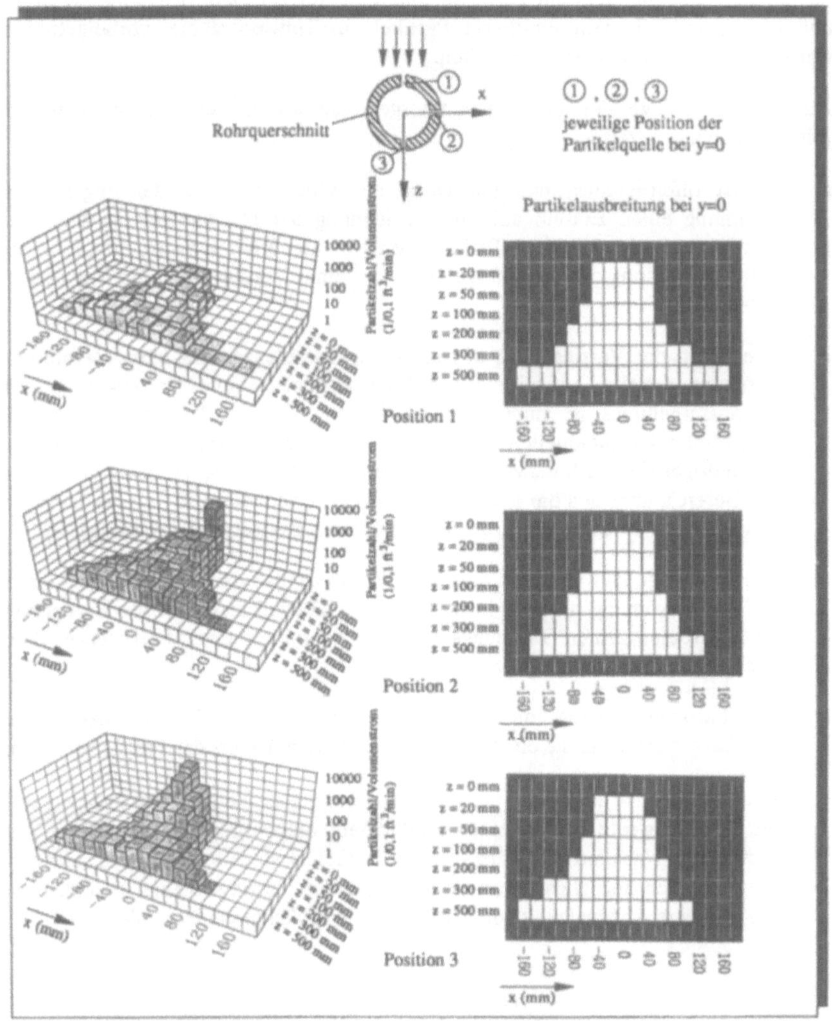

Bild 24: Logarithmische Auftragung der Anzahl der Partikel > 0,01 μm/0,1 ft³/min sowie Partikelausbreitung in einer Vertikalebene (y = 0) des Nachlaufgebietes eines Rohrprofiles bei unterschiedlicher Lage der Partikelquelle auf der Profiloberfläche (freie Filterdeckenabströmung)

Aus den logarithmischen Auftragungen der Anzahl der Partikel in den Vertikalebenen wird jedoch ersichtlich, daß die Anzahl der im Totwasser gemessenen Partikel bei einer der Anströmrichtung zugewandten Partikelquelle wesentlich geringer ist als bei der seitlichen und der dem Totwasser zugewandten. Dies läßt sich damit erklären, daß im ersten Fall mehr emittierte Partikel am Totwassergebiet vorbeigetragen werden als in den beiden anderen Fällen.

Auf der Grundlage der Untersuchungsergebnisse lassen sich zusammenfassend folgende Aussagen treffen:

- Es ist offensichtlich, daß die Höhe der Grundturbulenz der ungestörten Strömung einen Einfluß auf die Ausdehnung der Nachlaufgebiete hat. Die Verringerung des mittleren Turbulenzgrades einer Reinraumströmung führt zu einer Aufweitung des Nachlaufgebietes und einer Verlängerung des Totwassergebietes.

- Die durch die Verringerung des mittleren Turbulenzgrades einer Reinraumströmung erzielte Aufweitung des Nachlaufgebietes und Verlängerung des Totwassergebietes ist unter Berücksichtigung der im Nachlauf einer frei umströmten Partikelquelle vorhandenen Partikelverteilung negativ zu bewerten. Je niedriger der Turbulenzgrad der ungestörten Strömung ist, desto größer ist der Bereich, über den die emittierten Partikel verteilt werden, und desto länger ist das hohe Partikelzahlen pro Volumenstrom aufweisende Totwassergebiet.

  Diese Aussage läßt natürlich nicht den Schluß zu, daß der Turbulenzgrad einer Reinraumströmung beliebig hoch sein darf. Sinnvoll erscheint die Erzeugung einer turbulenzarmen Strömungsform, wie sie mittels einer Filterdecke ohne nachgeschaltete Abströmhilfe erreicht wird.

- Die Partikelverteilung im Totwasser von zylindrischen Profilen kann über Weglängen erfolgen, die ein mehrfaches des Durchmessers der Profile betragen.

- Die Lage der Partikelquelle auf der Oberfläche einer Versperrung in bezug auf die Anströmrichtung hat keinen Einfluß auf die räumliche Ausbreitung der Partikel im Nachlauf der Versperrung. Im Gegensatz zur räumlichen Ausbreitung läßt sich bezüglich der Anzahl der sich im Totwassergebiet befindlichen Partikel eine Abhängigkeit von der Lage der Partikelquelle feststellen.

6 Untersuchung der Strömung innerhalb und in der Umgebung von Fertigungseinrichtungen

6.1 Durchführung der Untersuchungen

Zur Ableitung von Konstruktionsrichtlinien zur strömungsgerechten Auslegung von reinraumtauglichen Fertigungseinrichtungen wurden entsprechend der in Kapitel 3 beschriebenen dreistufigen Vorgehensweise experimentelle Untersuchungen an Funktionsträgern, Baugruppen und Fertigungsanlagen durchgeführt. Mit der Betrachtung von einzelnen Systemeinheiten bis hin zur Gesamtanlage wird zur Klärung der anlagenbezogenen strömungstechnischen Fragestellungen ein durchgängiges Konzept verfolgt. Ziel ist dabei, die Einflußbereiche der Partikelquellen und des Produktes in der Strömung zu trennen.

Die nachfolgend beschriebenen Ergebnisse der qualitativen Untersuchungen zur Strömungssichtbarmachung wurden mit Hilfe der entwickelten Laser-Lichtschnitt-Versuchseinrichtung gewonnen. Die Ermittlung der quantitativen Ergebnisse erfolgte mit dem zur Durchführung automatisierter Geschwindigkeits-Rastermessungen realisierten Prüfstand. Der mittlere Turbulenzgrad $Tu_m{}^*$ der ungestörten Reinraumströmung betrug bei allen nachfolgend beschriebenen Strömungsuntersuchungen ungefähr 1,0 %, die mittlere Strömungsgeschwindigkeit 0,42 ^{m}/$_s$. Dieser niedrige Turbulenzgrad wurde gewählt, da sich unter diesen Bedingungen Stromlinien in der Reinraumströmung über relativ große Wegstrecken erzeugen lassen und somit durch z. B. Versperrungen verursachte Strömungsphänomene einfacher beobachtet und exakter analysiert werden können. Erhöht man den mittleren Turbulenzgrad der Reinraumströmung um wenige Prozentpunkte, so verkleinern sich die Einfluß-bereiche von Versperrungen. Die Ergebnisse der in Kapitel 5 aufgeführten Strömungsuntersuchungen zeigen jedoch, daß die bei der Umströmung verschiedener Profilgeometrien und somit auch Anlagenkonfigurationen aufgezeigten Unterschiede qualitativ bestehen bleiben. Die aus den nachfolgend dargestellten Untersuchungs-ergebnissen abgeleiteten Erkenntnisse und Schlußfolgerungen sind somit unein-geschränkt auf eine turbulenzarme Verdrängungsströmung, die in einer Entfernung von 1,5 m von der Filterdecke einen mittleren Turbulenzgrad $Tu_m{}^*$ von ungefähr 4 % aufweist, übertragbar.

6.2 Strömungsanalyse an Funktionsträgern

6.2.1 Umströmung unterschiedlicher Profilgeometrien unter Berücksichtigung der Profilorientierungen

Die in Kapitel 5 ermittelten Ergebnisse der Partikelmessungen belegen, daß die von einem frei umströmten Funktionsträger emittierten Partikel nur in dessen Einfluß-bereich in der Strömung wiederzufinden sind. Die Auswirkungen unterschiedlicher

Profilgeometrien auf die Ausdehnung dieses Einflußbereiches zeigt *Bild 25*. Hier wird
die Umströmung eines scharfkantigen, quadratischen Profilquerschnittes mit der
eines Profiles mit gleichen Kantenlängen, das einen Kantenradius von 3 mm aufweist,
sowie der Umströmung eines Kreisprofiles verglichen. Die Kantenlängen der quadratischen Profile sowie der Durchmesser des Kreisprofiles betragen jeweils 60 mm. Die
Profile haben eine Länge von 1500 mm.

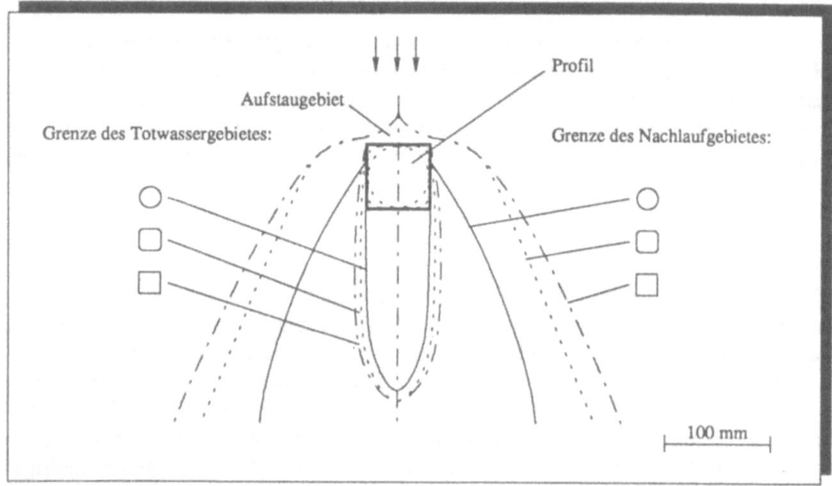

Bild 25:   Vergleich der Ausdehnung der Nachlauf- und Totwassergebiete bei unterschiedlichen Profilgeometrien

Das Nachlaufgebiet eines scharfkantigen quadratischen Profils hat in einem Abstand
von 200 mm von seiner Unterkante einen um 160 mm breiteren Querschnitt als ein
strömungsgünstigeres Kreisprofil. Auch das Totwassergebiet des quadratischen
Profiles ist geringfügig länger. Die Auswirkungen der Anbringung von abgerundeten
Profilkanten beim Vierkantprofil auf dessen Umströmung lassen sich nachweisen.
Während sich die Totwasserlänge nicht ändert, wird die Ausdehnung des Nachlaufgebietes verringert. Ausgehend vom Kreisprofil ließe sich eine weitere Verkleinerung
des Nachlauf- und Totwassergebietes nur unter Verwendung von für die Luftfahrt
entwickelten Tragflügelprofilen /113/ oder durch Anwendung spezieller Maßnahmen
zur Grenzschichtbeeinflußung /78, 114/ erzielen.

Weitere Untersuchungen erbrachten den Nachweis, daß die Anbringung von Nuten,
Vertiefungen oder Erhöhungen auf der der Anströmrichtung zugewandten Seite des
Vierkantprofiles zur Vergrößerung des Nachlauf- und Verbreiterung des Totwasser-
gebietes führt. Die Auswirkungen solcher Vertiefungen oder Erhöhungen auf die
Ausdehnung der Nachlauf- und Totwassergebiete sind jedoch gering verglichen mit
den Unterschieden, die für die Umströmung unterschiedlicher Profilgeometrien (*Bild*

25) aufgezeigt wurden. Seitlich oder an der Totwasserseite angebrachte Nuten sowie Erhöhungen, die nicht aus dem Totwasserbereich herausragen (z. B. Stege), verursachen keine Änderungen der Umströmungsverhältnisse.

Im allgemeinen besitzen Funktionsträger eine Rechteck-Geometrie. Welche Umströmungsverhältnisse sich bei solchen Systemen ausbilden, ist in der Regel von ihrer Orientierung bezüglich der Anströmrichtung abhängig. Die Unterschiede, die sich bei der Umströmung eines rechteckigen Funktionsträgers mit den Abmessungen 90 x 60 mm ergeben, gehen aus *Bild 26* hervor. Die Länge des Bauteiles beträgt 1000 mm, die Kantenradien weisen 3 mm auf.

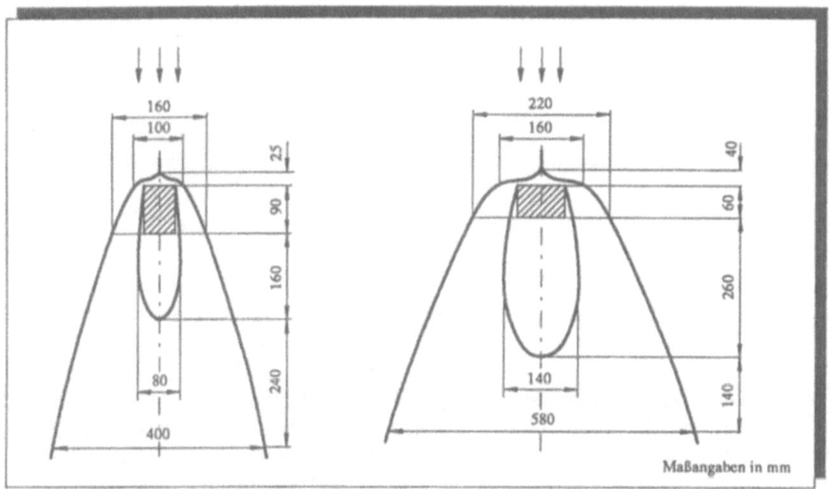

Bild 26: Umströmung eines rechteckigen Funktionsträgers mit dem Querschnitt 60 x 90 mm

Wird die Breitseite des Funktionsträgers angeströmt, erhöht sich das Aufstaugebiet um 15 mm, verbreitert sich das Nachlaufgebiet in einem Abstand von 400 mm von der Profilunterkante um 180 mm und verlängert bzw. verbreitert sich das Totwassergebiet um 100 bzw. 60 mm.

6.2.2   Untersuchung von Rückströmeffekten

Die Tatsache, daß in Totwassergebieten Rückströmungen auftreten zeigt, daß luftgetragene Partikel in solchen Gebieten auch entgegen der im Reinraum herrschenden Strömungsrichtung aufwärts wandern können. Um die Gültigkeit dieser Annahme nachzuweisen wird im Totwassergebiet eines Rohrprofiles ein zweites Profil mit geringerem Durchmesser positioniert. Durch eine Bohrung auf der

Profiloberfläche des kleineren Rohres werden unter den oben genannten Randbedingungen Partikel emittiert. Zwischen den Profilen durchgeführte Partikelmessungen sollen zeigen, ob Partikel aufwärts wandern. In *Bild 27* ist der
Versuchsaufbau prinzipiell dargestellt.

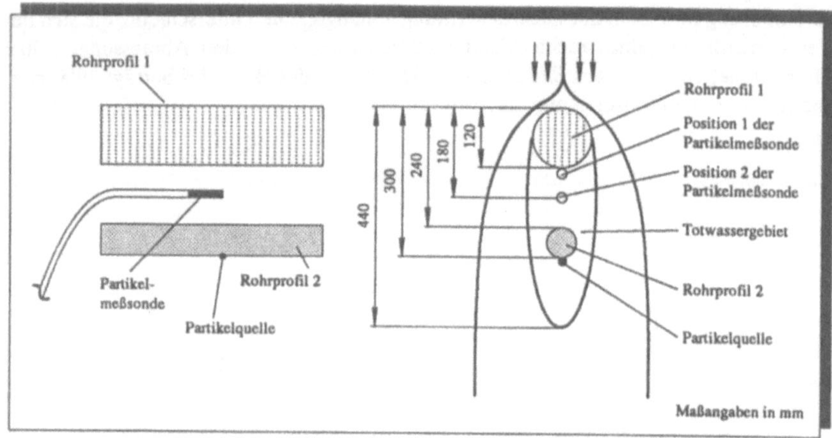

Bild 27:   Versuchsaufbau zum Nachweis der Aufwärtswanderung von Partikeln in
           Totwassergebieten

Bei den sowohl direkt unter dem Rohrprofil 1 (Meßposition 1) als auch im Abstand
von 60 mm von der Profilunterkante (Meßposition 2) durchgeführten Messungen
wurden im Durchschnitt 40 Partikel einer Größe zwischen 0,19 und 0,5 μm/ft^3/min
nachgewiesen. Dies entspricht 1 % der Gesamtzahl der in diesem Größenbereich
liegenden, emittierten Partikel. Die Partikel wurden auf der dem Rohrprofil 1
abgewandten Seite emittiert. Nach einer 180°-Drehung von Profil 2 um seine
Längsachse wurden in beiden Meßpositionen im Durchschnitt 400 Partikel einer
Größe zwischen 0,19 und 1,0 μm gemessen.

Die Meßergebnisse belegen, daß in Totwassergebieten gegen die Reinraumströmung
gerichtete Partikeltransportvorgänge auftreten können. Das Eintreten eines solchen
Falles hängt von den jeweiligen Gegebenheiten ab. So konnten beispielsweise bei
zwei im Abstand von 60 mm übereinander angeordneten Rohrprofilen mit einem
Durchmesser von jeweils 60 mm nur noch dann Partikel zwischen den Profilen
nachgewiesen werden, wenn die Partikelquelle auf der dem oben angeordneten Profil
zugewandten Seite lag. War die Partikelquelle auf der Unterseite des Profiles 2
angebracht, so reichte die Breite des von Profil 1 erzeugten Totwassers nicht aus, um
einen Partikeltransport nach "oben" zu ermöglichen.

Grundsätzlich läßt sich folgende Aussage machen: Ein Funktionsträger, der im Totwasser einer Versperrung angeordnet ist und eine Partikelquelle aufweist, kontaminiert das gesamte Totwassergebiet dieser Versperrung, wenn deren die Strömung versperrende Fläche größer als diejenige des Funktionsträgers ist. Weist die Versperrung die gleiche oder eine kleinere die Strömung versperrende Fläche als der Funktionsträger auf, so findet im Totwasser der Versperrung ein Partikeltransport nach "oben" dann statt, wenn die Partikelquelle auf der der Versperrung zugewandten Seite des Funktionsträgers liegt.

Die Ergebnisse der in Kapitel 2 beschriebenen Analyse von Fertigungsgeräten zeigen, daß das Auftreten solcher konstruktiver Anordnungen keine Seltenheit ist. So sind beispielsweise bei Steppern und Mikroskopen, die in der Halbleiterfertigung zum Einsatz kommen, prozeßtechnisch bedingt, direkt über den Positioniertischen großflächige Versperrungen angebracht. Die Produkte werden auf den Positioniertischen verfahren. Die potentielle Partikelquellen darstellenden Funktionsträger dieser Tische befinden sich innerhalb des Totwassergebietes der Versperrungen. Obwohl die Funktionsträger unterhalb der Produktebene angeordnet sind, besteht für die Produkte eine hohe Kontaminationsgefahr.

6.3 Strömungsuntersuchungen an Baugruppen

6.3.1 Auswirkungen von Kapselungen auf die Strömungsverhältnisse

Baugruppen, wie Handhabungs- und Transporteinrichtungen, werden meist mit Gehäusen oder entsprechenden Abdeckungen versehen. Die Gehäusebauteile tragen dabei oft nicht zum Funktionieren der Baugruppe bei, sondern dienen ausschließlich dem Design.

Am Beispiel einer Pneumatiklinearachse wird gezeigt, wie sich das Entfernen der Gehäusebauteile auf die Umströmung der Baugruppe auswirkt. Der Läufer der Achse wird über ein an den Stirnseiten der Achse umgelenktes Stahlband angetrieben. Das rechteckige Gehäuse weist Kantenradien von 1,5 mm auf und ist 740 mm lang. *Bild 28* zeigt die Umströmung der Lineareinheit bei montiertem Gehäuse im Bereich des Läufers und bei demontiertem Gehäuse im Bereich des Läufers und des kolbenstangenlosen Pneumatikzylinders.

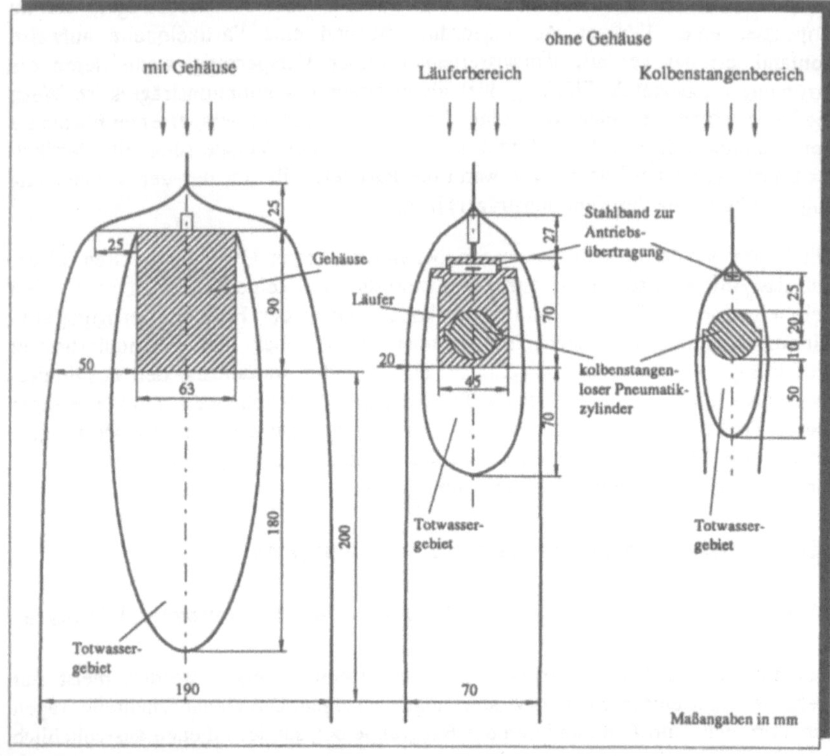

Bild 28: Umströmung einer Pneumatiklinearachse mit und ohne montiertem Gehäuse im Bereich des Läufers und des Pneumatikzylinders

Die Pneumatiklinearachse mit montiertem Gehäuse weist ein Totwassergebiet der Länge von 180 mm auf, die Breite des Nachlaufgebietes beträgt in einem Abstand von 200 mm von der Gehäuseunterkante 190 mm. Weil der Läufer mit einer Bauteillänge von 75 mm bei demontiertem Gehäuse prinzipiell von vier Seiten umströmt werden kann, hat auch dessen Einflußbereich in der Strömung und hierbei insbesondere das Totwassergebiet im Vergleich zur Lineareinheit mit montiertem Gehäuse eine um mehr als die Hälfte geringere Ausdehnung. Die Totwasserlänge beträgt im Bereich des Läufers maximal 70 mm und die Breite des Nachlaufgebietes in einem Abstand von 200 mm von der Gehäuseunterkante maximal 70 mm. Wie aus den Darstellungen in *Bild 28* ersichtlich ist, stellen sich bei demontiertem Gehäuse im Bereich des vom Stahlband zur Antriebsübertragung überdeckten kolbenstangenlosen Pneumatikzylinders noch wesentlich günstigere Strömungsverhältnisse ein. Von der Lineareinheit generierte Partikel können bei der Anbringung eines nicht hermetisch gekapselten Gehäuses im Vergleich zur Konfiguration mit demontiertem Gehäuse über einen wesentlich größeren Bereich verteilt werden.

6.3.2 Einfluß unterschiedlicher Neigungswinkel von Baugruppen zylindrischer Form auf die Partikelausbreitung in deren Nachlauf

Bei Baugruppen oder Bauteilen zylindrischer Form, die bezüglich der Horizontalebene permanent oder zeitweise einen Anstellwinkel besitzen und Partikel generieren oder von einer Partikelquelle kontaminiert werden, besteht die Gefahr, daß die Partikel im Nachlauf einer beispielsweise zur Horizontalebene geneigten Baugruppe über größere Wegstrecken quer wandern als bei einer horizontal angeordneten Baugruppe. In der Praxis treten solche Fälle zum Beispiel häufig bei mehrachsigen Handhabungsgeräten auf.

Zur Untersuchung dieser Hypothese werden bei einem Rohrprofil Partikel durch eine auf der Profilunterseite angebrachte Bohrung emittiert. Das Rohrprofil hat einen Durchmesser von 60 mm und eine Länge von 2000 mm, die Bohrung ist 400 mm von einer Stirnseite des Rohres entfernt. Es gelten die oben hinsichtlich Strömungsverhältnissen und Partikelzahlen genannten Randbedingungen.

Bild 29 zeigt die Partikelverteilung im Totwasser- und Nachlaufgebiet bei einem Neigungswinkel von 0°, 10° und 20°. Die Darstellungen verdeutlichen die Ausbreitung der Partikel in Richtung der Profillängsachse.

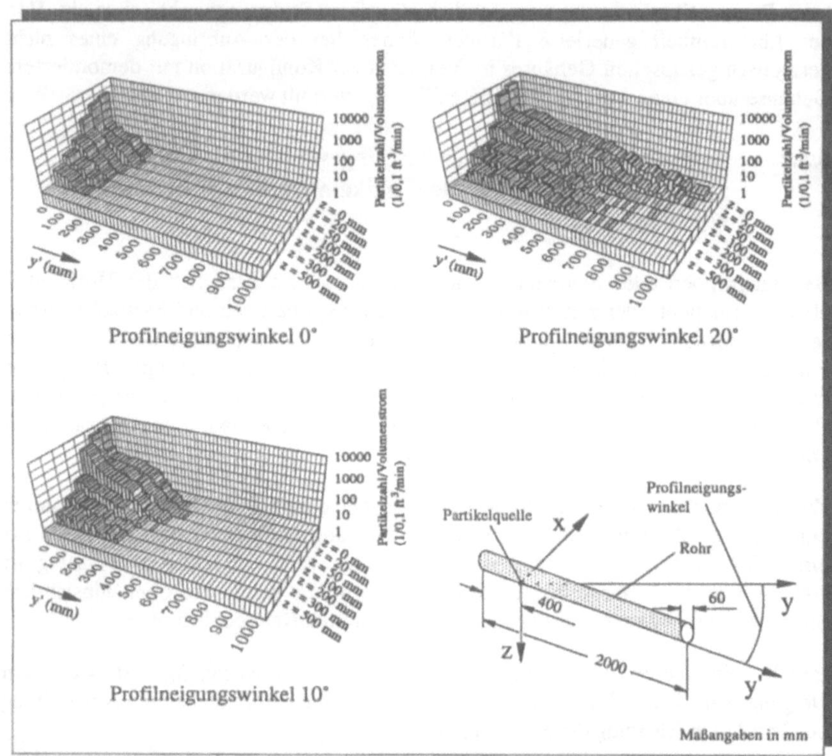

Bild 29:   Logarithmische Auftragung der Anzahl der Partikel > 0,01 μm/0,1 ft³/min in einer Vertikalebene (x = 0) des Nachlaufgebietes eines Rohrprofiles bei unterschiedlichen Profilneigungswinkeln (freie Filterdeckenabströmung)

Während bei einem Neigungswinkel von 20° im Totwassergebiet in Richtung der Rohrlängsachse noch in einer Entfernung von 1020 mm von der Emissionsquelle Partikel detektiert werden, lassen sich beim Neigungswinkel von 10° und 0° Partikel nur bis zu einem Abstand von 460 bzw. 250 mm nachweisen. Auf der 500 mm unterhalb der Partikelquelle, parallel zur Profillängsachse laufenden Rasterlinie werden bei 20°, 10° und 0° Neigungswinkel noch in einer Entfernung von 760, 320 bzw. 160 mm Partikel gemessen.

Die Meßergebnisse belegen den großen Einfluß, den bereits geringe Anstellwinkel von Baugruppen und Bauteilen zylindrischer Form auf die Partikelausbreitung in deren Nachlauf- bzw. Totwassergebiet besitzen. Schon ein Neigungswinkel von 10° führt zu einer Verdoppelung der Ausdehnung des Partikelvorkommens in Profillängsrichtung. Auch die Untersuchung von Profilen, die eine bezüglich des Umströmungsverhaltens wesentlich ungünstigere Form aufweisen, führen zu vergleichbaren Ergebnissen.

6.3.3 Untersuchungen von Luftverdrängungseffekten

Luftverdrängungseffekte lassen sich beim Verfahren von Bewegungselementen nicht verhindern. In der Regel ist der das Element oder die Baugruppe umgebende Raum jedoch so dimensioniert, daß sich die verursachten Luftverdrängungseffekte nicht in Form einer erhöhten Querkontaminationsgefahr bemerkbar machen. Wird aber Luft entgegen der im Reinraum herrschenden Strömungsrichtung verdrängt oder ausgeblasen, besteht die Möglichkeit der Bildung oder Verstärkung eines Aufstaueffektes, der wiederum die Gefahr der Querkontamination erhöht.

Werden bei Lineareinheiten die Läufer innerhalb eines Gehäuses geführt, so kommt es beim Verfahren der Läufer zur Verdrängung von Luft aus dem Gehäuse. Wird diese mit hoher Wahrscheinlichkeit kontaminierte Luft in Richtung der Reinraumströmung "ausgeblasen", so ist dieser Effekt als relativ unkritisch einzustufen. Wird die Luft jedoch entgegen der oder quer zur Reinraumströmungsrichtung abgeleitet, so erhöht sich die Querkontaminationsgefahr.

Um diese Annahme zu bestätigen und quantifizieren zu können, wird ein Profil mit einem Querschnitt von 60 x 60 mm und der Länge von 1000 mm untersucht. In einer Schmalseite des Profiles ist ein Spalt der Breite 5 mm angebracht. Unter der Voraussetzung, daß sich innerhalb des Profiles ein Läufer bewegt und die somit im Gehäuse verdrängte Luft vollständig aus dem Spalt austritt, ergibt sich mit Hilfe der Kontinuitätsgleichung /115/ die Austrittsgeschwindigkeit c_S der verdrängten Luft aus dem Spalt zu

$$c_s = \frac{\rho_1 \cdot A_1 \cdot c_1}{\rho_s \cdot A_s} \quad . \tag{31}$$

Um eine überschlägige Berechnung zu ermöglichen, wird die Dichte als konstant angenommen. Ausgehend von einer Verfahrgeschwindigkeit c_1 des Läufers von 0,5 $^m/_s$ ergibt sich dann die über die Spaltlänge von 500 und 200 mm gemittelte Austrittsgeschwindigkeit der Luft aus dem Spalt zu $c_S \approx 1,1$ bzw. 2,1 $^m/_s$.

Die Darstellungen in *Bild 30* zeigen die sich bei diesen beiden Austrittsgeschwindigkeiten ergebenden Totwasser- und Nachlaufgebiete bei seitlichem und entgegen der Reinraumströmung gerichtetem isothermem Ausblasen, jeweils im Vergleich zu der von Luftverdrängungseffekten unbeeinflußten Profilumströmung.

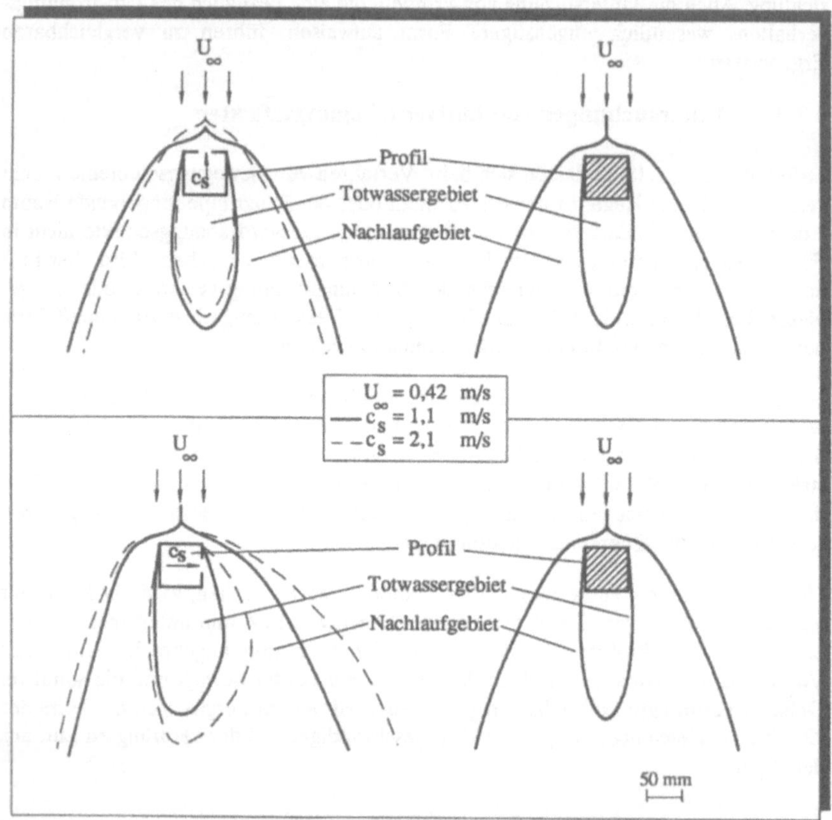

Bild 30: Vergleich zwischen der von Ausblasvorgängen beeinflußten und unbeeinflußten Umströmung eines Profiles mit dem Querschnitt 60 x 60 mm

Wird aus dem Spalt Luft isotherm mit einer Geschwindigkeit von 1,1 bzw. 2,1 $^m/_s$
entgegen der Reinraumströmung ausgeblasen, erhöht sich das Aufstaugebiet im
Vergleich zu einer vom Ausblasen unbeeinflußten Profilumströmung um 5 bzw. um
20 mm. Das Nachlaufgebiet verschmälert sich in einem Abstand von 200 mm von der
Profilunterkante um 20 bzw. 40 mm. Verursacht wird dieser Effekt durch die
günstigere Strömungsform. Die nach oben ausgeblasene Luft hat die gleiche Wirkung
wie die Abrundung der Profiloberfläche. Da jedoch davon auszugehen ist, daß die
verdrängte Luft kontaminiert ist, sollte dieser Vorgang vermieden werden. Beim
seitlichen Austreten der verdrängten Luft verbreitert sich das Nachlaufgebiet auf der
Spaltseite bei den oben aufgeführten Geschwindigkeitswerten in einem Abstand von
200 mm von der Profilunterkante um 40 bzw. 110 mm.

Die experimentell gewonnenen Untersuchungsergebnisse belegen, daß durch Bewegungselemente verursachte Luftverdrängungseffekte insbesondere dann berücksichtigt werden müssen, wenn die Luft durch klein dimensionierte Spaltöffnungen ausgeblasen wird. Dagegen konnte eine durch das Verfahren großflächiger Faltenbalge verursachte Vergrößerung der von den Balgen hervorgerufenen Aufstaugebiete nicht nachgewiesen werden.

6.3.4 Einfluß von Geschwindigkeitsparametern bei Handhabungs- und Transporteinrichtungen

Um die Auswirkungen unterschiedlicher Geschwindigkeits- und Beschleunigungsparameter auf die Produktumströmung beim Verfahren von Handhabungs- und Transporteinrichtungen erfassen zu können, werden die Strömungsverhältnisse beim Verfahren einer kreisförmigen Siliziumscheibe (Wafer) mit dem Durchmesser von 150 mm und des entsprechenden mit 25 Wafern gefüllten Carriers /116/ untersucht.

Bild 31 zeigt die Strömungsverhältnisse bei stillstehendem Wafer, beim Verfahren des Wafers mit einer Geschwindigkeit $v = 0,15\ ^m/_s$ und im Augenblick des Anfahrens aus dem Ruhezustand.

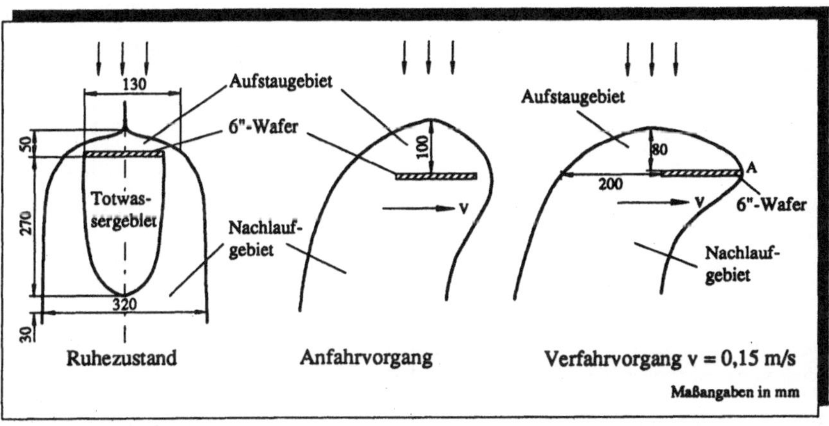

Bild 31: Umströmung eines 6"-Wafers im Ruhestand sowie beim Anfahren und Verfahren

Beim Verfahren des Wafers zeigt sich, daß ein ausgeprägtes Totwassergebiet im Gegensatz zum Ruhestand auf Grund der Geschwindigkeitskomponente in horizontaler Richtung nicht mehr vorhanden ist. Die am Punkt A erzeugte Strömungsbeeinflussung ist bei der gewählten Verfahrgeschwindigkeit nach etwa zwei Sekunden wieder verschwunden.

Die sich beim horizontalen Verfahren eines 6"-Carriers mit unterschiedlichen Geschwindigkeiten seitlich und in Abströmrichtung ergebenden Nachlaufgebiete sind in den *Bildern 32* und *33* aufgezeichnet. In *Bild 32* sind die Wafer parallel und in *Bild 33* quer zur Verfahrrichtung angeordnet. Um zu verhindern, daß die Wafer im stehenden Carrier wackeln, ist dieser bezüglich der Horizontalebene um 5° geneigt. Der Carrier kann in Strömungsrichtung mit Ausnahme der durch Stege und Wafer vorhandenen Versperrungen frei durchströmt werden. Die Ausdehnungen der Nachlaufgebiete sind entsprechend den vier Verfahrgeschwindigkeiten übereinander stehend angegeben.

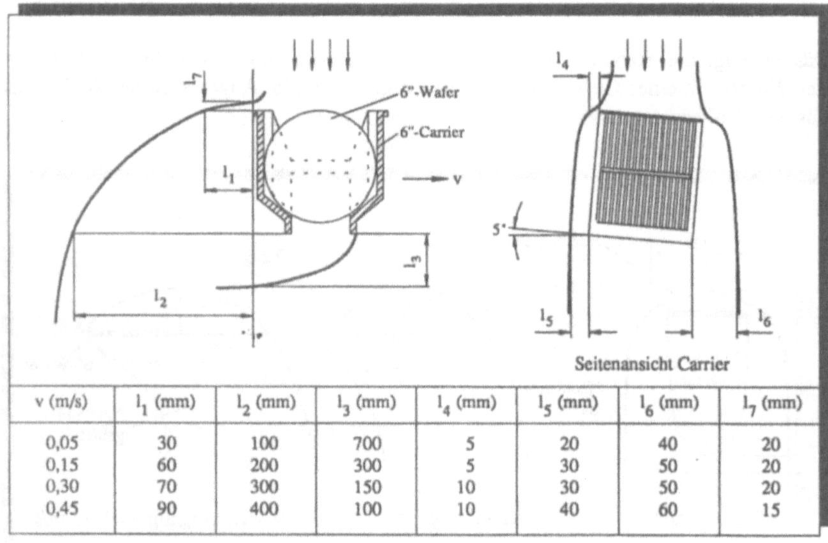

v (m/s)	l_1 (mm)	l_2 (mm)	l_3 (mm)	l_4 (mm)	l_5 (mm)	l_6 (mm)	l_7 (mm)
0,05	30	100	700	5	20	40	20
0,15	60	200	300	5	30	50	20
0,30	70	300	150	10	30	50	20
0,45	90	400	100	10	40	60	15

Bild 32: Ausdehnung der Nachlaufgebiete eines horizontal mit unterschiedlichen Geschwindigkeiten verfahrenden 6"-Carriers

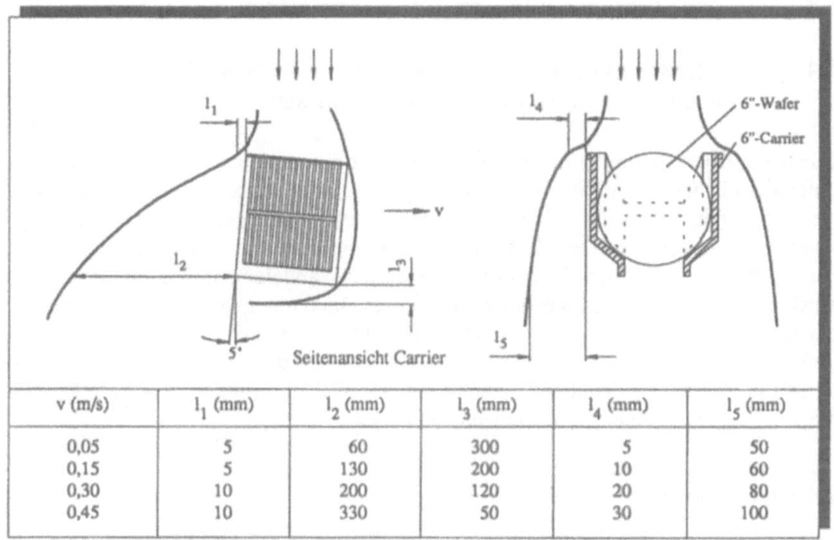

v (m/s)	l_1 (mm)	l_2 (mm)	l_3 (mm)	l_4 (mm)	l_5 (mm)
0,05	5	60	300	5	50
0,15	5	130	200	10	60
0,30	10	200	120	20	80
0,45	10	330	50	30	100

Bild 33: Ausdehnung der Nachlaufgebiete eines horizontal mit unterschiedlichen Geschwindigkeiten verfahrenden 6"-Carriers

Es zeigt sich hier, daß beim Carrier mit quer zur Verfahrrichtung orientierten Siliziumscheiben der seitliche Einflußbereich größer und die sich im Nachlauf ausbildende Wirbelschleppe kleiner als im Fall der parallel zur Verfahrrichtung orientierten Wafer ist. Die Ursache für den Unterschied beim seitlichen Einflußbereich ist die größere Verdrängungswirkung des Carriers mit quer zur Verfahrrichtung orientierten Siliziumscheiben. Die größere Ausdehnung der Wirbelschleppe beim Carrier mit parallel zur Verfahrrichtung orientierten Siliziumscheiben läßt sich dadurch erklären, daß die Luft im Gegensatz zum Carrier mit quer zur Verfahrrichtung orientierten Siliziumscheiben richtungsmäßig mehr oder weniger unbeeinflußt durch den Carrier hindurch fließen kann.

Die Untersuchungsergebnisse führen zu der Erkenntnis, daß bei Verfahrvorgängen zwischen Produkten und Baugruppen unterschieden werden muß. Bei den in den *Bildern 32* und *33* aufgezeichneten Fällen einer Carrierumströmung ist die Wafer-Orientierung parallel zur Verfahrrichtung vorzuziehen, da eine möglichst störungsfreie Produktumströmung wesentlich wichtiger ist als beispielsweise die Ausdehnung des Nachlaufgebietes. Beim Verfahren einer Baugruppe, die Partikel emittieren könnte, ist unter Berücksichtigung der bisher bezüglich Partikelausbreitungsvorgängen gewonnenen Erkenntnisse die oberste Zielsetzung, die Ausdehnung der erzeugten Aufstau-, Nachlauf- und Totwassergebiete zu minimieren.

6.4 Strömungsausbildung an Fertigungsanlagen

6.4.1 Untersuchung von Spalteffekten und unterschiedlichen Baugruppenanordnungen in einer Anlage

Zur Qualifizierung und Quantifizierung der Strömungsphänomene, die bei der unterschiedlichen Anordnung einer Baugruppe in einer Anlage auftreten, wird ein Versuchsaufbau mit für derzeitige Halbleiterfertigungsgeräte repräsentativen Abmessungen realisiert. Der Versuchsaufbau besteht aus zwei Boxen der Abmessungen 1000 x 400 x 1260 mm (L x B x H), mehreren Wandelementen und Lochblecheinsätzen sowie einer exemplarisch ausgewählten, 1800 mm langen Lineareinheit mit der Querschnittsfläche von 100 x 100 mm. Er läßt sich einfach und schnell variieren und eignet sich zur Untersuchung nahezu aller grundlegenden Problemstellungen, die zu den in Kapitel 2 genannten Untersuchungsbereichen bestehen. *Bild 34* zeigt den Versuchsaufbau in einer dreidimensionalen Ansicht.

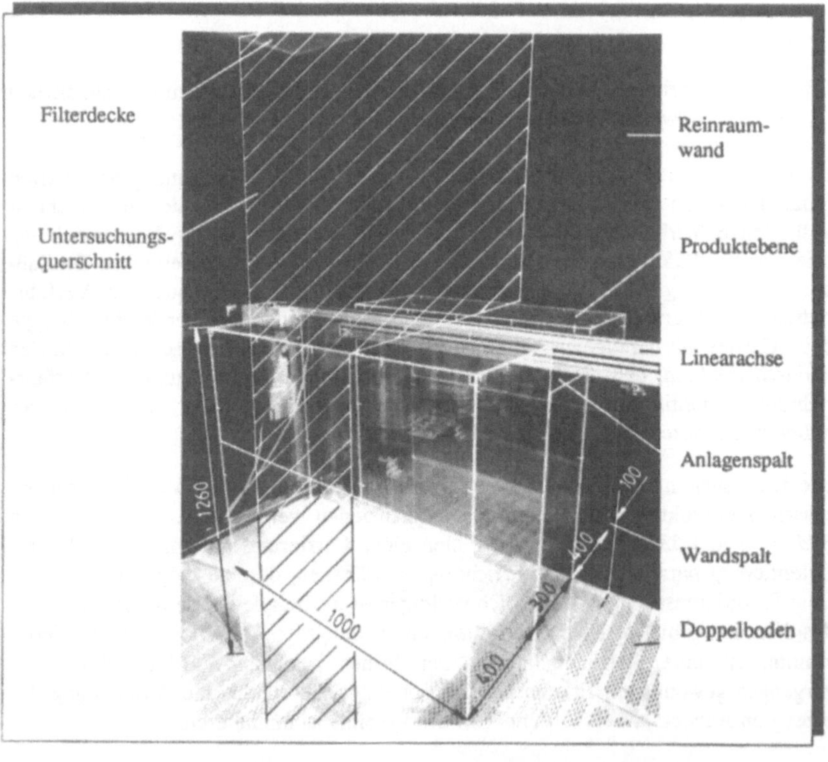

Bild 34:   Für Halbleiterfertigungsgeräte repräsentativer Versuchsaufbau

In *Bild 35* sind die Strömungsverhältnisse bei einer Lineareinheit dargestellt, die auf und 100 mm über einer ebenen, luftundurchlässigen Anlagenfläche angeordnet ist. Die vier Seitenwände der auf einem Doppelboden stehenden simulierten Anlage sind geschlossen. Die Anlage steht auf einer Länge von 1000 mm direkt an einer Wand des Reinraumes.

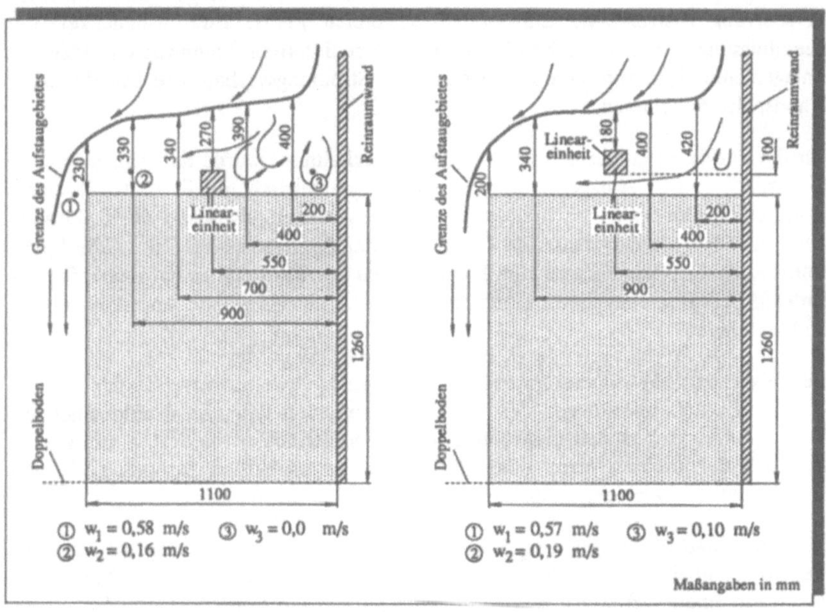

Bild 35:   Strömungsverhältnisse bei einer auf und 100 mm über einer ebenen, luft-undurchlässigen Anlagenfläche angeordneten Lineareinheit

Über der luftundurchlässigen Anlagenoberfläche bildet sich ein ausgeprägtes Aufstaugebiet aus, welches zur Reinraumwand hin immer höher wird und in Wandnähe in das Gebiet der von der Wand abgelösten Strömung übergeht. Im Eckenbereich entsteht zwischen Wand und Anlagenoberfläche ein großes Aufstaugebiet, in dem die Luft teilweise sogar "steht". Bei solchen schlecht durchströmten Gebieten erhöht sich die Gefahr der Partikelansammlung sehr stark. Deshalb sollte ihre Entstehung nach Möglichkeit im voraus ausgeschlossen werden. Der durch die Lineareinheit zusätzlich erzeugte Aufstaueffekt wirkt sich bei dieser Konfiguration nur schwach aus, da die Strömungsgeschwindigkeiten im Aufstaugebiet weit unter 0,45 $^m/_s$ betragen. Im Fall der direkt auf der Anlagenfläche montierten Lineareinheit wird jedoch eine zur Wand hin gerichtete Wirbelströmung erzeugt. Von der Lineareinheit emittierte Partikel werden somit bei dieser Konfiguration praktisch über die gesamte Anlagenoberfläche und die sich darauf befindlichen Produkte verteilt. Bei der über der Anlagenfläche angeordneten Lineareinheit ist dagegen in Folge des Spaltes zwischen Anlagenoberfläche und Lineareinheit lediglich die Fläche zwischen Linearachse und Anlagenvorderkante durch Querkontaminationsvorgänge gefährdet. Die Höhe der Aufstaugebiete unterscheidet sich nur unwesentlich.

Um die Ausdehnung von Aufstaugebieten zu verkleinern und damit Querkontaminationsvorgänge zu reduzieren, muß die auf eine mehr oder weniger luftdurchlässige Versperrung zuströmende Luft abfließen können /117/. Eine Möglichkeit der Beeinflussung der in Eckenbereichen von anlageninternen Trennwänden oder von Anlagen und Reinraumwänden herrschenden Strömungsverhältnisse besteht darin, Wandspalte zu belassen.

Für die in *Bild 36* aufgezeichneten Strömungsverhältnisse wurde der Anlagenaufbau so verändert: Die Anlagenoberfläche wurde symmetrisch geteilt und mit einem luftdurchlässigen Spalt der Breite von 300 mm versehen. Zwischen der Reinraumwand und der Anlage wurde ein 100 mm breiter Spalt belassen. Die in die Spalte einfließende Luft kann dabei zum Doppelboden des Reinraumes hin frei abfließen. Untersucht wurden bei dieser Konfiguration vier unterschiedliche Anordnungen der Lineareinheit.

Der Wandspalt hat auf die Umströmung der Anlage zwei positive Effekte. Da die Luft im Eckenbereich durch den Wandspalt abfließen kann, wird zum einen die Bildung eines großen Aufstaugebietes in diesem Bereich verhindert, zum anderen wird das sich an der Wand bildende Gebiet der abgelösten Strömung, das der turbulenten Grenzschicht entspricht, abgesaugt.

Bei den in *Bild 36* dargestellten Konfigurationen sind die zwei Anlagenebenen und die Lineareinheit strömungstechnisch so voneinander getrennt, daß zum Beispiel auf der linken Ebene generierte Partikel nicht mehr auf die Lineareinheit oder auf die rechte Ebene gelangen können und umgekehrt. Deutlich ist hierbei die Verkleinerung der durch die luftundurchlässig gestalteten Ebenen der Anlage hervorgerufenen Aufstaugebiete bei Vorhandensein des 100 mm breiten Wandspaltes erkennbar. Das kürzeste Totwasser weist die 100 mm über der Anlagenoberfläche angeordnete Lineareinheit auf. Verursacht wird die Verminderung der Totwasserlänge hier durch den Querimpuls der Strömung im Spalt.

Unter den gegebenen Randbedingungen und ohne den Einfluß eines zu transportierenden oder zu handhabenden Produktes zu berücksichtigen, ist dieser Fall zu bevorzugen. Eine derartige Anlagenkonfiguration ist in der Praxis durchaus realisierbar, da die Anlagen in der Regel zum Doppelboden hin bis zu einem gewissen Grad offen gestaltet werden können. Bei den übrigen drei Konfigurationen können auf der rechten Anlagenebene erzeugte Partikel unter Umständen auf das von der Lineareinheit transportierte Produkt gelangen.

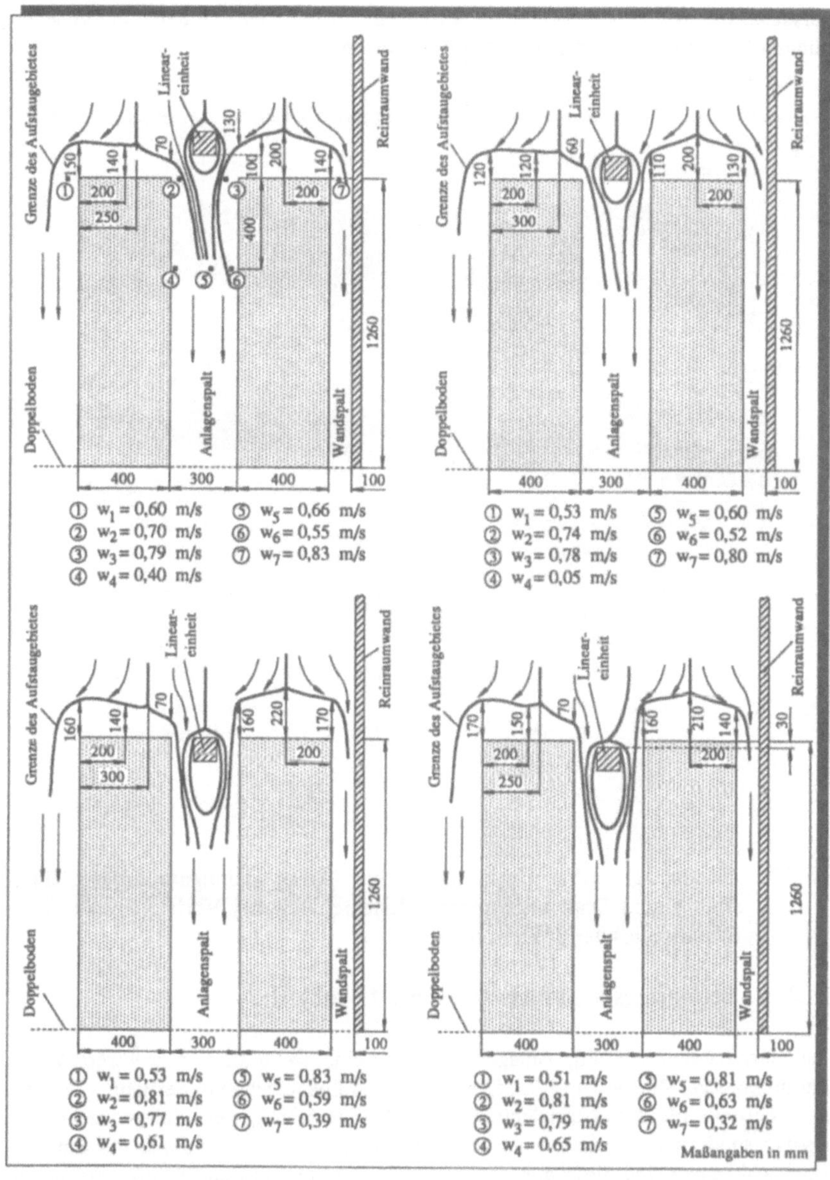

Bild 36: Vergleich der Strömungsverhältnisse bei unterschiedlichen Anordnungen einer in eine mit einem Spalt versehenen Anlagenkonfiguration integrierten Lineareinheit bei Vorhandensein eines Spaltes zwischen Wand und Anlage

Bild 37 zeigt die sichtbar gemachte Umströmung des in *Bild 36* skizzierten Versuchsaufbaus. Die Unterkante der Lineareinheit befindet sich dabei auf gleicher Höhe mit den horizontal angeordneten Anlagenebenen.

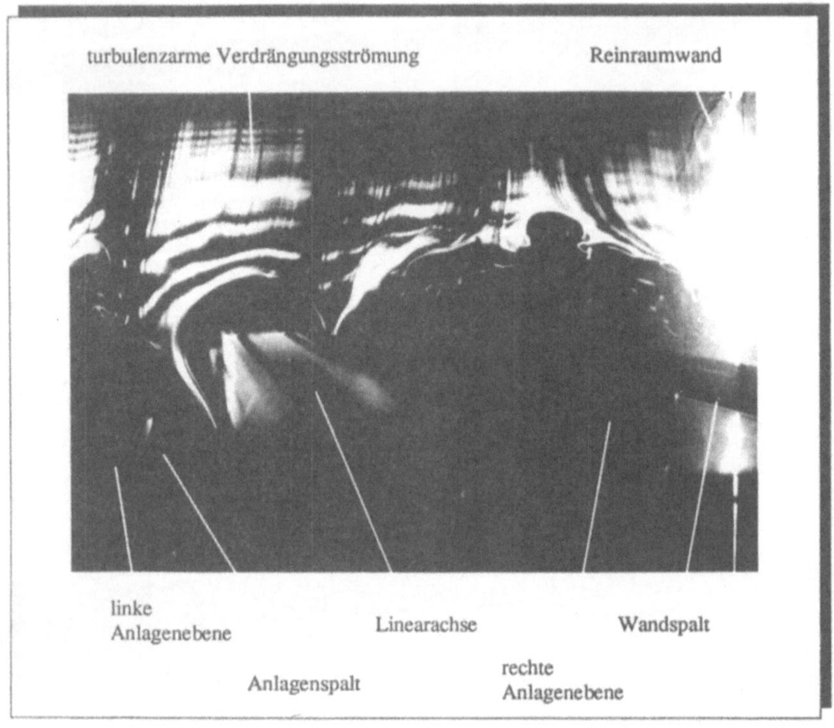

Bild 37:   Sichtbar gemachte Umströmung einer Anlagenkonfiguration mit einer über einem Spalt angeordneten Lineareinheit bei Vorhandensein eines Wandspaltes der Breite von 100 mm

6.4.2   Strömungsbeeinflussung durch Lochbleche

Lochbleche stellen wie jede Anlagenoberfläche eine, wenn auch in gewissem Maße luftdurchlässige, Versperrung dar. Der Einbau von Lochblechen in Fertigungsanlagen kann deshalb für die Umströmung oder Durchströmung der Anlage nicht nur positive, sondern auch negative Auswirkungen haben. Die Auswirkungen des Einbaus von Lochblechen sind diesbezüglich zu untersuchen. Die in *Bild 38* aufgezeichneten Anlagenkonfigurationen entsprechen denjenigen aus *Bild 36*, jedoch ist hier der 300 mm breite Anlagenspalt mit einem Lochblech abgedeckt, das eine relative freie Lochfläche A_F von 35 % aufweist.

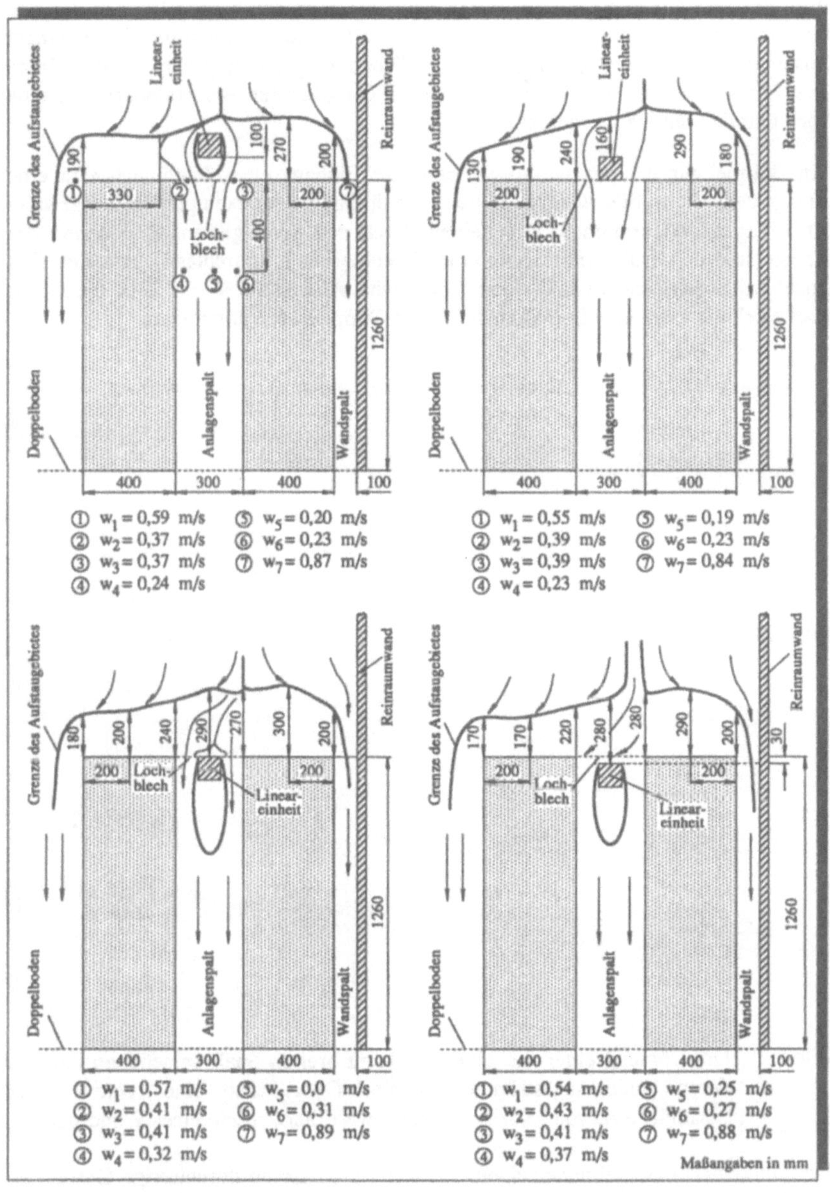

Bild 38: Strömungsverhältnisse bei Anlagenkonfigurationen mit unterschiedlich angeordneter Lineareinheit und einer aus Lochblech bestehenden Spaltabdeckung bei Vorhandensein eines Wandspaltes

Wird der zum Doppelboden hin offene Spalt zwischen den beiden Ebenen der Anlage mit Lochblech abgedeckt, führt dies bei allen vier Konfigurationen zu einem Zusammenwachsen und damit einer erheblichen Vergrößerung der Aufstaugebiete über den Ebenen. Es besteht dann wieder auf der gesamten Anlagenoberfläche eine hohe Querkontaminationsgefahr.

Ein Beispiel für die positive Auswirkung des Einbaus eines Lochbleches in eine Anlage zeigt die in *Bild 39* dargestellte Umströmung zweier exemplarisch ausgewählter Anlagenkonfigurationen. Die beiden durch den Spalt getrennten Ebenen der Anlage sind durch die Anbringung eines Lochbleches luftdurchlässig gestaltet. Das Lochblech weist eine relative freie Lochfläche A_F von 35 % auf. Die durch das Lochblech einströmende Luft kann durch den Doppelboden abströmen.

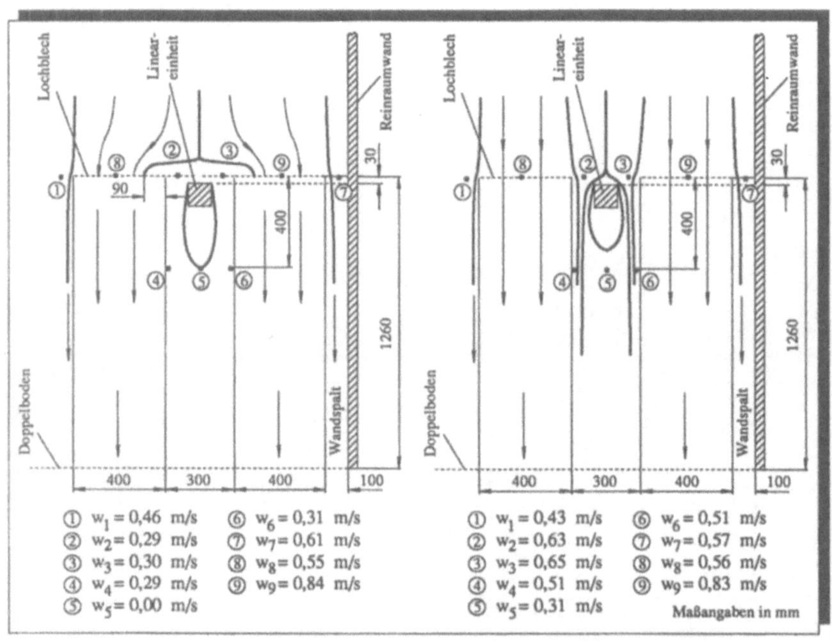

Bild 39: Umströmung einer mit einem 300 mm breiten Spalt versehenen Anlage, deren beide angeströmte Lochblech-Oberflächen eine relative freie Lochfläche A_F von 35 % aufweisen bei Vorhandensein eines Wandspaltes

Die Untersuchungsergebnisse zeigen, daß sich durch die luftdurchlässige Gestaltung der Anlagenoberflächen in Verbindung mit der zum Doppelboden hin vorhandenen Abströmmöglichkeit die Bildung eines Aufstaugebietes vollständig vermeiden läßt. In Abhängigkeit von der geometrischen Auslegung der innerhalb einer Anlage in Form von Einbauten vorhandenen Versperrungen kann es erforderlich sein, die relative freie Lochfläche A_F des Lochbleches von 35 % zur Reduzierung des Strömungswiderstandes zu erhöhen. Das bedeutet, daß die anlagenspezifischen Gegebenheiten bei der Auswahl des Lochbleches berücksichtigt werden müssen.

Die Verwendung eines Lochbleches mit einer wesentlich geringeren freien Querschnittsfläche führt erneut zur Erzeugung eines Aufstaugebietes über den Anlagenoberflächen.

6.4.3 Möglichkeiten der Absaugung

Muß ein bestimmter Bereich in oder an einer Anlage abgesaugt werden, sollte vor der Integration einer Kosten verursachenden aktiven Absaugung durch einen zusätzlichen Ventilator überprüft werden, ob nicht der in den Rückluftkanälen des Reinraumes bestehende "Unterdruck" dazu ausgenutzt werden kann, eine "passive" Absaugung aus dem relevanten Bereich zu erzielen.

Der im Reinraum und den Rückluftkanälen herrschende Gesamtdruck setzt sich entsprechend der Gleichung

$$p_{ges} = p + q = p + \frac{\rho}{2}c^2 \tag{32}$$

aus dem statischen Druck p und dem dynamischen Druck (Staudruck) q zusammen /115/. Die zwischen einem Reinraum und den Rückluftkanälen auftretende Differenz des statischen Druckes p beträgt bei einer Geschwindigkeit der Reinraumströmung von c = 0,45 $^m/s$ ungefähr 15 Pa. Die Höhe dieses Druckunterschiedes hängt insbesondere vom Druckverlustbeiwert

$$\zeta = \frac{\Delta p}{q} \tag{33}$$

des perforierten Bodens sowie von der geometrischen Auslegung des Rückluftkanals ab und muß zur Erzielung der gewünschten Absaugwirkung angepaßt werden.

Am Beispiel der Umströmung eines Lochblech-Tisches wird gezeigt, wie ein Teilbereich oder ein gesamtes Fertigungsgerät abgesaugt werden kann. Der Lochblechtisch mit einer Tischfläche von 800 x 1600 mm und einer relativen freien Lochfläche A_F von 35 % wird im ersten Versuch frei umströmt. Im zweiten Versuch wird die Arbeitsfläche des Tisches unter Ausnutzung des zwischen Reinraum und Doppelbodenkanal vorhandenen Druckgefälles abgesaugt. Dazu wird die Tischoberfläche mit Hilfe eines geschlossenen Absaugkanals mit dem Doppelbodenkanal verbunden.

Bild 40 zeigt die untersuchten Konfigurationen sowie die unter den jeweiligen Bedingungen sichtbar gemachte Umströmung der Lochblech-Arbeitsfläche.

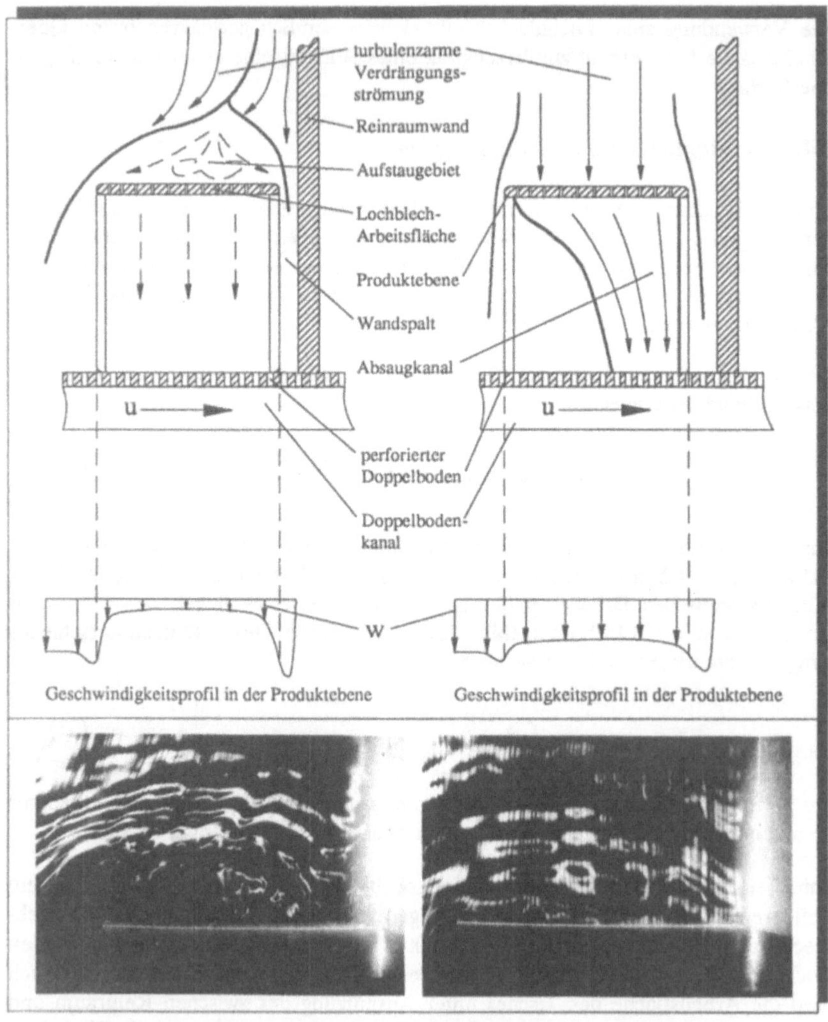

Bild 40: Frei umströmter und unter Ausnutzung des zwischen Reinraum und Doppelbodenkanal vorhandenen Druckgefälles abgesaugter Lochblech-Tisch

Die Ergebnisse belegen, daß man mit einem entsprechenden Druckverlustbeiwert des perforierten Doppelbodens im Bereich des Absaugkanals die Entstehung eines ausgeprägten Aufstaugebietes und damit die Gefahr von Querkontamination über einer teilweise luftdurchlässigen Versperrung vollständig vermeiden kann.

Beim Einsatz von Lochblechen zur lufttechnischen Trennung von kontaminierten Bereichen und Produktbereichen ist darauf zu achten, daß keine Strömungen hoher Geschwindigkeiten parallel zu nicht abgesaugten Lochblech-Ebenen erzeugt werden. Es entsteht sonst eine Saugwirkung, die zur Folge hat, daß die Luft durch das Lochblech aus dem kontaminierten Bereich herausgesaugt wird. Der Produktbereich wird kontaminiert, wodurch das Gegenteil der beabsichtigten Trennung zwischen reinen und verunreinigten Bereichen eintritt.

6.4.4 Orientierung von anlagenintern zu handhabenden Produkten

Durch die Handhabung sowie den Transport eines Produktes oder mehrerer Produkte innerhalb der Anlage können die dort herrschenden Strömungsverhältnisse nachhaltig beeinflußt werden (siehe Kapitel 6.3.4). Wie für Funktionsträger und Baugruppen gilt der Grundsatz, daß der Strömung durch das Produkt möglichst wenig Widerstand entgegengesetzt werden sollte. In *Bild 41* ist beispielhaft die Umströmung eines über und eines neben einer Lineareinheit angeordneten 6"-Carriers aufgezeichnet. Die Wafer sind dabei zuerst quer und dann parallel zur Anströmrichtung orientiert.

Bei der Anordnung des Carriers direkt über der Lineareinheit besteht insbesondere im Fall der quer zur Anströmrichtung orientierten Wafer die Möglichkeit, daß von der Lineareinheit generierte Partikel im Totwassergebiet des Carriers bis auf den obersten Wafer gelangen können (siehe Kapitel 6.2.2). Im Totwassergebiet läßt sich eine Aufwärtsströmung bis zur Kante des obersten Wafers beobachten. Bei parallel zur Anströmrichtung orientierten Wafern "stehen" diese zum Teil im Aufstaugebiet der Lineareinheit.

Bild 42 zeigt die sichtbar gemachte Umströmung des neben der Lineareinheit angeordneten 6"-Carriers mit quer und parallel zur Anströmrichtung orientierten Wafern.

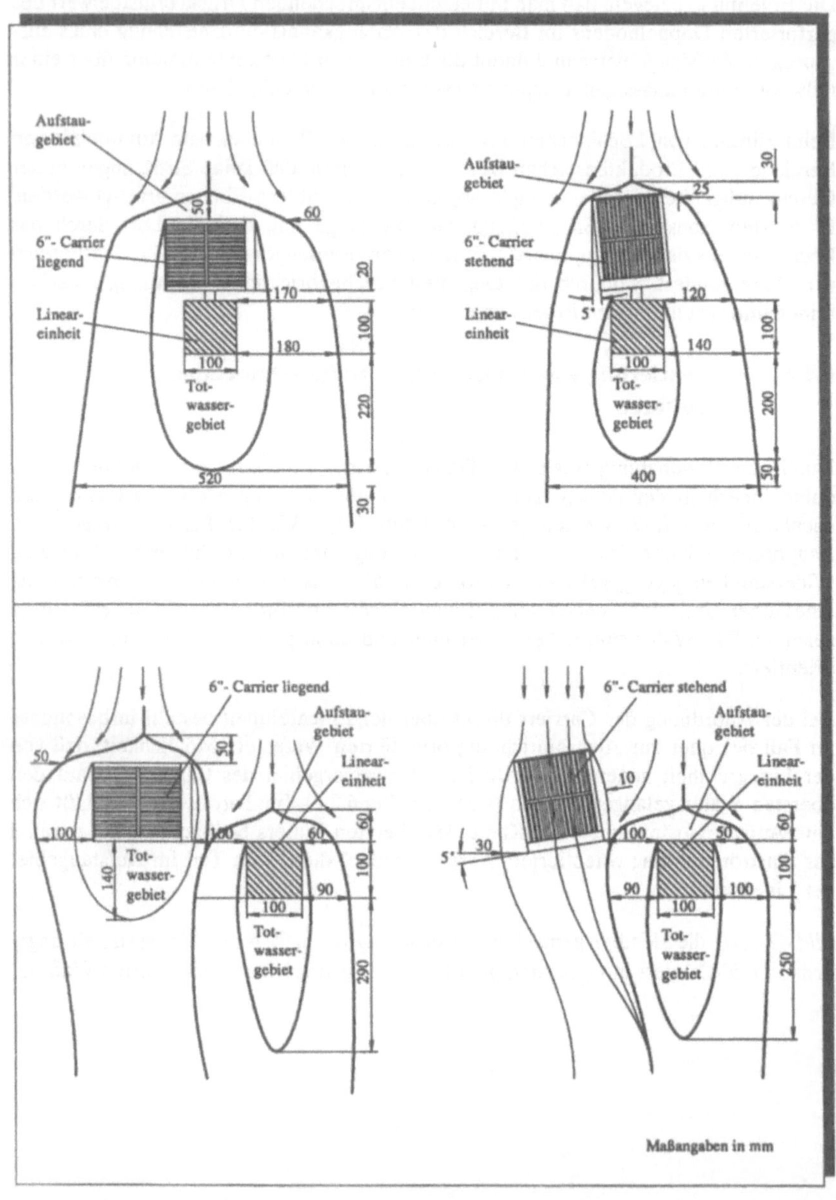

Bild 41: Umströmung eines über (oben) sowie neben (unten) einer Lineareinheit angeordneten 6"-Carriers mit quer (links) und parallel (rechts) zur Anströmrichtung orientierten Wafern

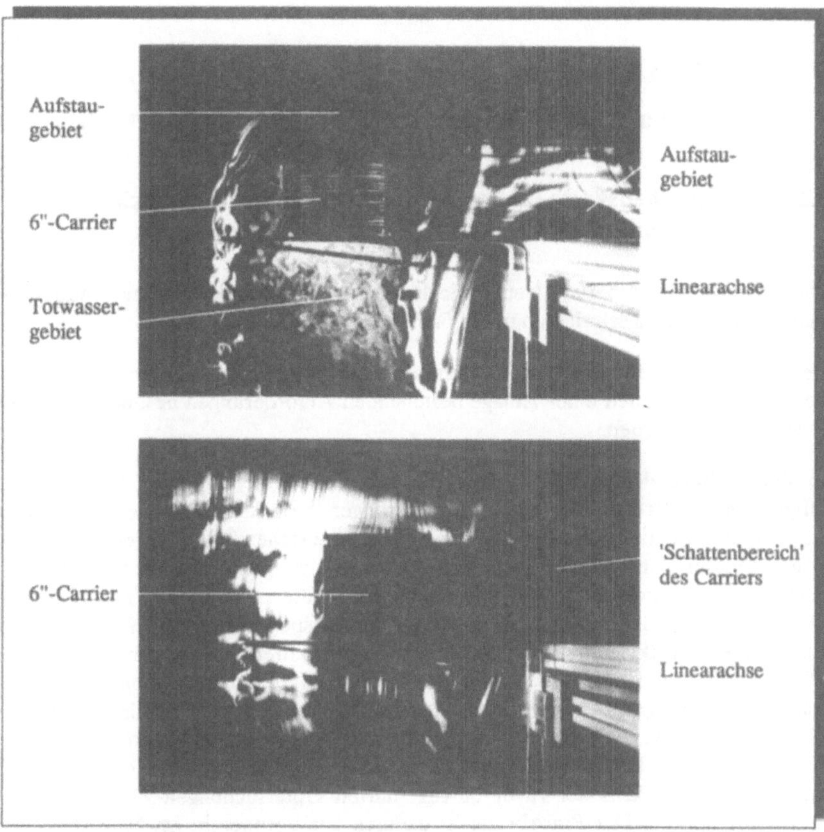

Bild 42: Umströmung eines 6"-Carriers mit quer (oben) und parallel (unten) zur Anströmrichtung orientierten Wafern

Wird zwischen der Verfahrachse und dem Carrier ein 100 mm breiter Spalt belassen, so ist nur eine geringe Überschneidung der Einflußbereiche des Produktes und der Baugruppe erkennbar. Beim Carrier mit quer zur Anströmrichtung orientierten Wafern besteht jedoch die Gefahr, daß auf der Oberseite der Lineareinheit generierte Partikel in das Totwassergebiet des Carriers und von dort auf das Produkt gelangen. Die Ausdehnung des Einflußbereiches auf die ungestörte Reinraumströmung ist beim liegenden Carrier weitaus größer als beim stehenden. Der stehende Carrier verursacht im Gegensatz zum liegenden weder ein Aufstau- noch ein Totwassergebiet. Unter strömungstechnischen Gesichtspunkten ist somit zur Vermeidung einer Produktkontamination die Anordnung mit dem Carrier neben der Lineareinheit und parallel zur Anströmrichtung orientierten Wafern zu wählen.

7 Richtlinien zur strömungstechnischen Auslegung reinraumtauglicher Fertigungseinrichtungen

7.1 Vorgehensweise bei der Entwicklung reinraumtauglicher Fertigungseinrichtungen

Die Vorgehensweise bei der Neuentwicklung oder der Optimierung einer reinraumtauglichen Fertigungseinrichtung ist in *Bild 43* dargestellt.

Besonders bei der Entwicklung reinraumtauglicher Fertigungseinrichtungen muß den bezüglich der Reinheit einer Anlage bestehenden Anforderungen besondere Beachtung geschenkt werden.

In der vorliegenden Arbeit werden die für die Vermeidung der Generierung luftgetragener Partikel relevanten Anforderungen berücksichtigt. Die funktionale Aspekte betreffenden Anforderungen an eine Anlage stehen in der Regel im Vordergrund. Bei der Entwicklung reinraumtauglicher Fertigungseinrichtungen sind jedoch Richtlinien zu beachten, die den Einsatz dieser Geräte im Reinraum erst zulassen. Dabei wird zwischen strömungstechnischen Gesichtspunkten und Gesichtspunkten zur Auswahl partikelemissionsarmer Komponenten betreffenden Richtlinien unterschieden. Während auf dem Gebiet der Richtlinien zum Einsatz von Funktionsträgern und Baugruppen minimaler Partikelemission bereits Grundlagenarbeiten /15, 99/ existieren, müssen die Richtlinien zur Auslegung und Anordnung bzw. Aufstellung von Fertigungseinrichtungen unter strömungstechnischen Gesichtspunkten auf der Basis der zuvor durchgeführten Untersuchungen /118, 119/ erst aufgestellt werden. Der Praxisbezug ist dadurch von vornherein gewährleistet, daß die zur Ableitung der Richtlinien erforderlichen, systematisch durchgeführten experimentellen Untersuchungen auf Erkenntnissen basieren, die bei der Analyse bestehender Fertigungseinrichtungen gewonnen wurden. Durch die Anwendung dieser Richtlinien soll erreicht werden, daß der Produktraum zu jedem Zeitpunkt des Fertigungszyklus mit Erstluft durchströmt wird und keine von den einzelnen Systemeinheiten generierten Partikel in ihn gelangen können.

Die Ausarbeitung von konzeptionellen Lösungsvarianten sowie die Konstruktion der Fertigungseinrichtungen geschieht unter Beachtung der definierten Anforderungen. Nach der Realisierung eines Prototypen oder der Fertigungseinrichtung selbst werden Partikelmessungen und Strömungsuntersuchungen durchgeführt. An dieser Stelle müßte die Optimierung einer bestehenden Fertigungseinrichtung beginnen. Vor der abschließenden Qualifizierungsphase ist in Abhängigkeit von der prinzipiellen Frage nach dem Vorliegen einer Prototypentwicklung und dessen Reinraumtauglichkeit eine oder sind mehrere Modifikationsphasen, eine Realisierungs- und eine Meßphase durchzuführen.

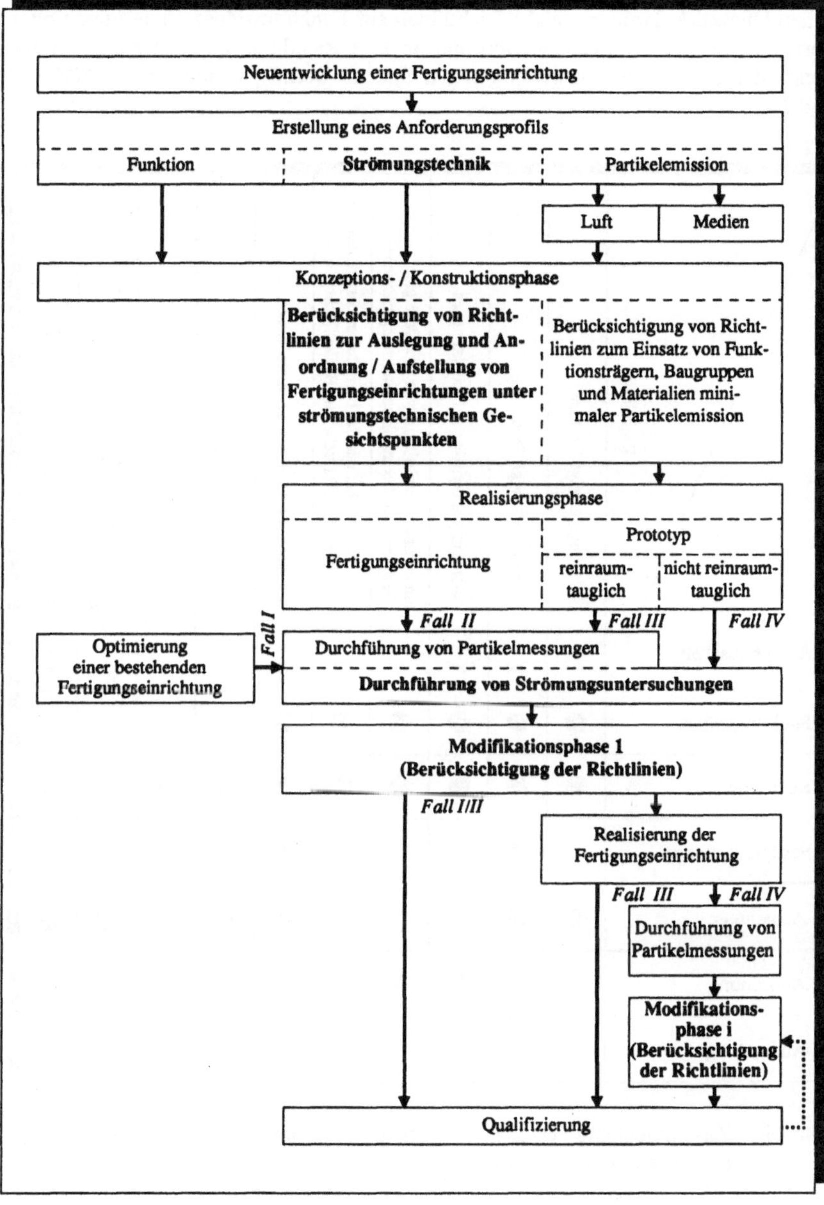

Bild 43: Vorgehensweise zur Neuentwicklung oder Optimierung einer reinraumtauglichen Fertigungseinrichtung

Einen Überblick darüber, welche Richtlinien auf Funktionsträger, Baugruppen oder Fertigungsanlagen anzuwenden sind und ob eine Richtlinie die Auslegung, Anordnung oder die Aufstellung des jeweiligen Systems betrifft, vermitteln die *Bilder 44* und *45*.

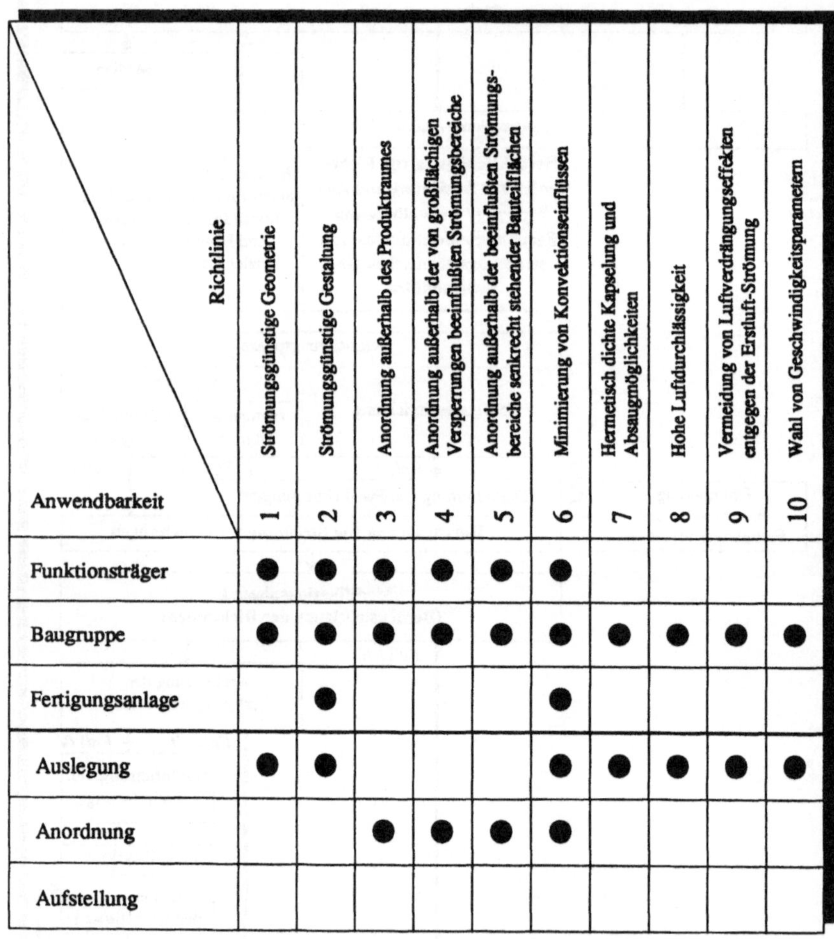

Richtlinie / Anwendbarkeit	Strömungsgünstige Geometrie (1)	Strömungsgünstige Gestaltung (2)	Anordnung außerhalb des Produktraumes (3)	Anordnung außerhalb der von großflächigen Versperrungen beeinflußten Strömungsbereiche (4)	Anordnung außerhalb der beeinflußten Strömungsbereiche senkrecht stehender Bauteilflächen (5)	Minimierung von Konvektionseinflüssen (6)	Hermetisch dichte Kapselung und Absaugmöglichkeiten (7)	Hohe Luftdurchlässigkeit (8)	Vermeidung von Luftverdrängungseffekten entgegen der Erstluft-Strömung (9)	Wahl von Geschwindigkeitsparametern (10)
Funktionsträger	●	●	●	●	●	●				
Baugruppe	●	●	●	●	●	●	●	●	●	●
Fertigungsanlage		●				●				
Auslegung	●	●				●	●	●	●	●
Anordnung			●	●	●	●				
Aufstellung										

Bild 44: Zusammenhang zwischen den Richtlinien und deren Anwendbarkeit auf die einzelnen Systemeinheiten

Anwendbarkeit \ Richtlinie	Orientierung bezüglich Produktraum und Reinraum-Strömung (11)	Gezielter Einsatz von Lochblechen (12)	Offene Bauweise zum Doppelboden/ passive Absaugung (13)	Ausnutzung von Spalteffekten (14)	Luftführung in Tunnel-Reinräumen ohne Doppelboden (15)	Minimierung der beeinflußten Strömungsbereiche der Produkte (16)	Erstluft-Strömungsrichtung anpassen (17)	Aktive Absaugung von Anlagenbereichen (18)	Maßnahmen zur Strömungsführung (19)
Funktionsträger			●	●		●		●	
Baugruppe	●		●	●		●			
Fertigungsanlage		●	●	●	●	●	●	●	●
Auslegung		●	●	●	●	●	●	●	●
Anordnung	●		●	●		●			
Aufstellung			●	●	●				

Bild 45: Zusammenhang zwischen den Richtlinien und deren Anwendbarkeit auf die einzelnen Systemeinheiten (Fortsetzung)

7.2 Richtlinien zur strömungsgerechten Auslegung und Integration von Funktionsträgern in Baugruppen und Fertigungsanlagen

In einer automatisierten Fertigungsanlage geht die Gefahr der Partikelgenerierung von den eingesetzten Funktionsträgern aus. Durch frühzeitige Berücksichtigung der nachfolgend für diese Systemeinheiten aufgeführten Richtlinien kann die Partikelausbreitung insbesondere entgegen und quer zur im Reinraum vorherrschenden Strömungsrichtung minimiert werden.

■ **<u>Richtlinie 1:</u>**

Strömungsgünstige Geometrie des Funktionsträgers

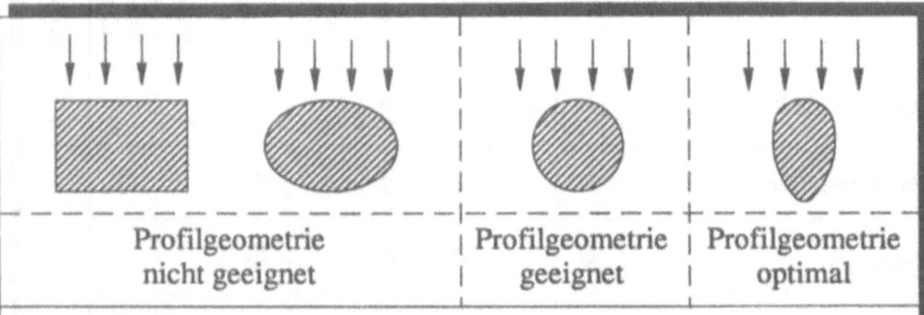

- Das Auftreten von Querströmungen und dadurch verursachten Querkontaminationsvorgängen ist zu vermeiden.

- Das Auftreten von Rückströmungen und des dadurch hervorgerufenen Partikeltransportes entgegen der im Reinraum herrschenden Strömungsrichtung ist zu verhindern.

→ Minimierung der geometrischen Ausdehnung von wirbelbehafteten Aufstau- und Nachlaufgebieten.

→ Minimierung der geometrischen Ausdehnung bzw. nach Möglichkeit vollständige Vermeidung der Ausbildung eines Totwassergebietes.

→ Funktionsträger, die eine nicht symmetrische Geometrie aufweisen sind bezüglich der Anströmrichtung so zu orientieren, daß eine Minimierung der für die Strömung bestehenden Flächenversperrung erfolgt.

→ Einsatz von Funktionsträgern möglichst kleiner Dimensionierung.

Bild 46:   Strömungsgünstige Auslegung von Funktionsträgern

Strömungsgünstige Gestaltung von Kanten und Oberflächen

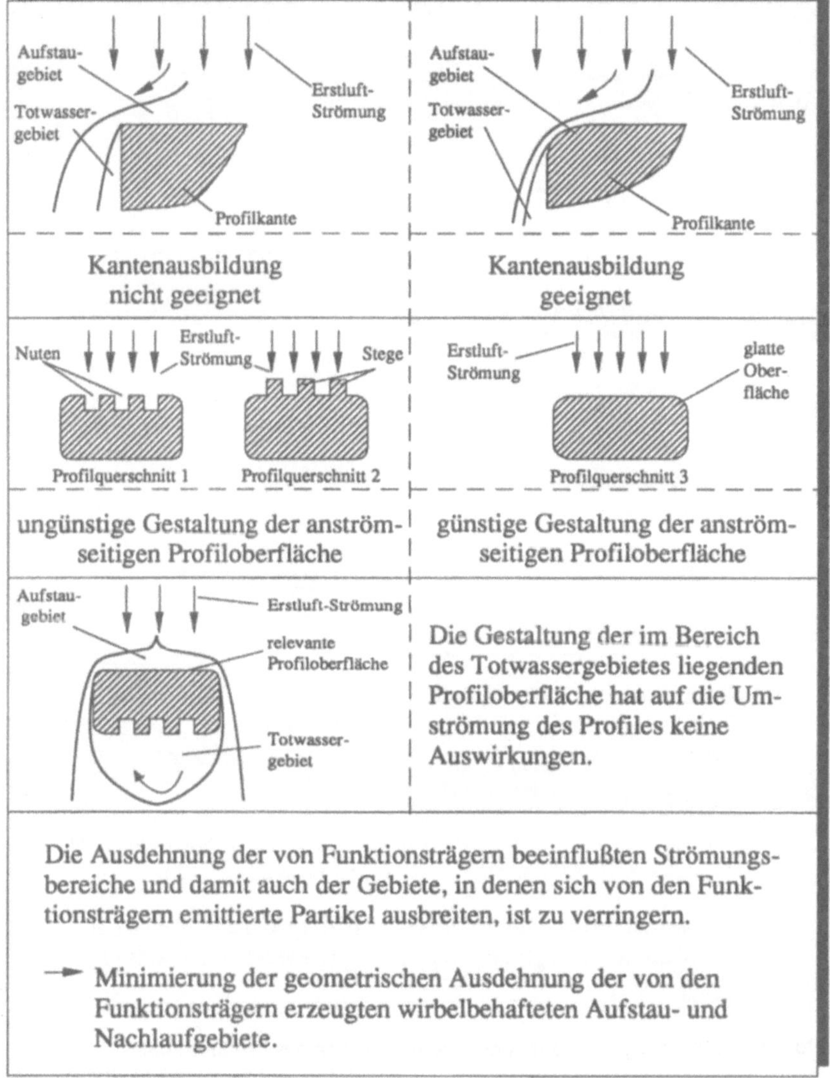

Bild 47: Strömungsgünstige Auslegung von Funktionsträgern

- ## **Richtlinie 3:**

Funktionsträger außerhalb des Produktraumes anordnen

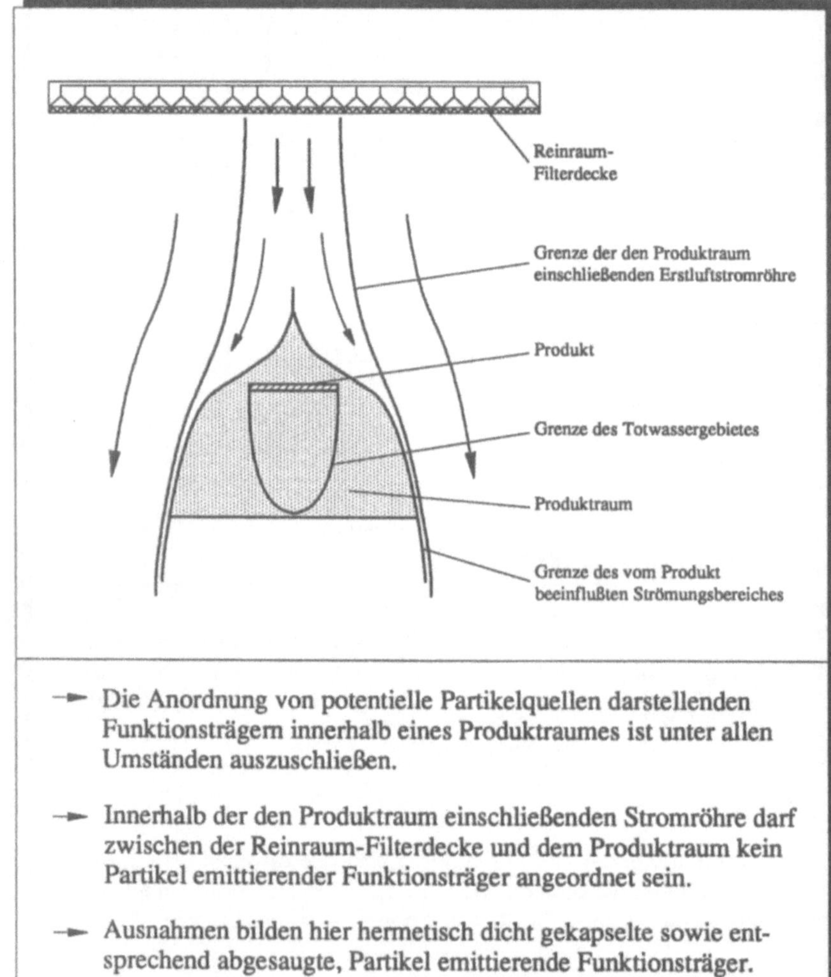

— ► Die Anordnung von potentielle Partikelquellen darstellenden Funktionsträgern innerhalb eines Produktraumes ist unter allen Umständen auszuschließen.

— ► Innerhalb der den Produktraum einschließenden Stromröhre darf zwischen der Reinraum-Filterdecke und dem Produktraum kein Partikel emittierender Funktionsträger angeordnet sein.

— ► Ausnahmen bilden hier hermetisch dicht gekapselte sowie entsprechend abgesaugte, Partikel emittierende Funktionsträger.

Bild 48:   Anordnung von Funktionsträgern bezüglich des Produktraumes

Funktionsträger außerhalb der von großflächigen Versperrungen beeinflußten Strömungsbereiche anordnen

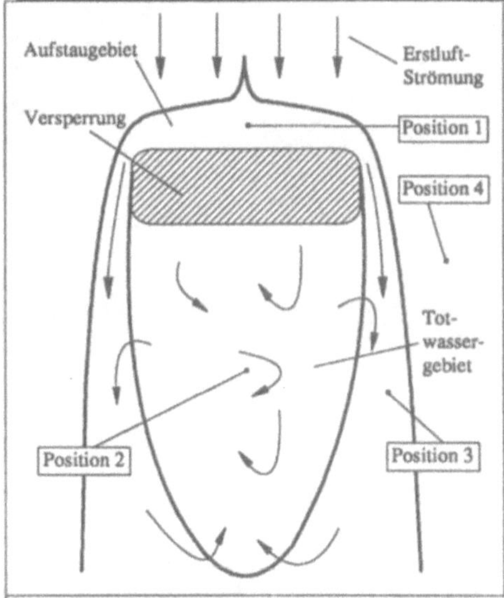

Folgen der Anordnung eines Funktionsträgers

in Position 1:
Ausbreitung der vom Funktionsträger emittierten Partikel im gesamten Einflußbereich der Versperrung in der Strömung.

in Position 2:
Ausbreitung der vom Funktionsträger emittierten Partikel im gesamten Nachlaufgebiet der Versperrung; d. h., daß die Partikel über ihre Entstehungsebene hinauswandern.

in Position 3:
Da dem Totwassergebiet der Versperrung ständig von unten Luft zufließt, kontaminieren die von dem Funktionsträger emittierten Partikel das gesamte Nachlaufgebiet der Versperrung.

in Position 4:
Die vom Funktionsträger emittierten Partikel werden nur über den Einflußbereich des Funktionsträgers in der Strömung selbst verteilt.

Das Auftreten von Querkontaminationsvorgängen und des Partikeltransportes über die Entstehungsebene hinaus ist zu vermeiden.

→ Funktionsträger, die potentielle Partikelquellen darstellen, außerhalb der von großflächigen Versperrungen beeinflußten Strömungsbereiche anordnen (Ausnahme siehe Richtlinie 3).

Bild 49:   Anordnung von Funktionsträgern bezüglich Versperrungen

Richtlinie 5:

Funktionsträger außerhalb der an vertikal angeordneten Bauteilflächen und deren Hinterschneidungen entstehenden Rückströmgebiete anordnen

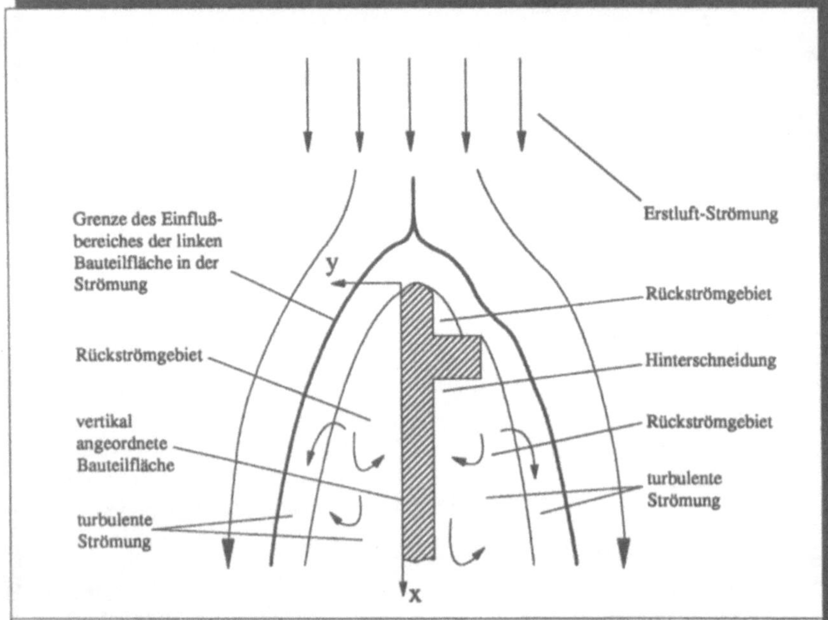

Im Bereich der Rückströmgebiete emittierte Partikel wandern entgegen der Richtung der Erstluft-Strömung und kontaminieren somit das gesamte Gebiet der turbulenten Strömung. Die Ausdehnung der turbulenten Strömung in y-Richtung ist von der Lauflänge x, der Bauteilgeometrie und den anströmseitig herrschenden Strömungsverhältnissen abhängig.

→ Keine Anordnung von Partikel emittierenden Funktionsträgern im Einflußbereich von senkrecht stehenden, luftundurchlässigen Bauteilflächen sowie im Nachlauf von Hinterschneidungen (Ausnahme siehe Richtlinie 3).

Bild 50: Anordnung von Funktionsträgern in bezug auf senkrecht stehende Bauteilflächen

**Wärmequellen außerhalb des Produktraumes anordnen;
Konvektionseinflüsse minimieren**

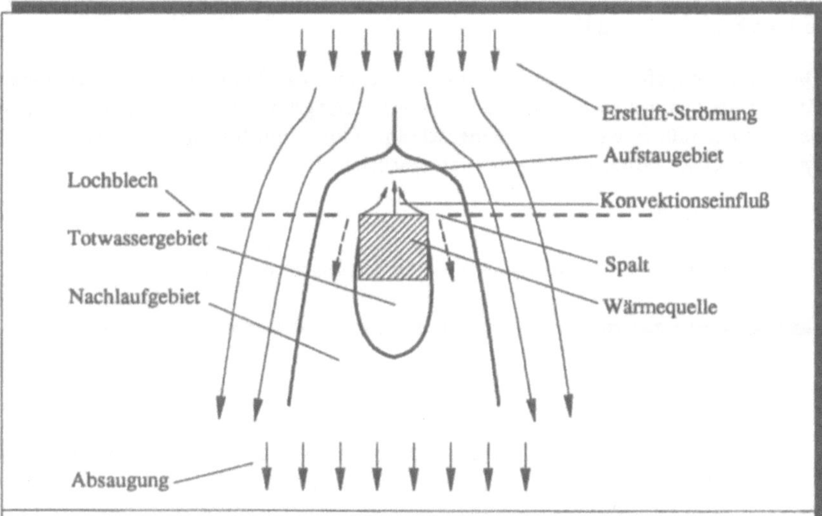

Durch der Anströmung entgegengerichtete freie Konvektion
über einer Wärmequelle können Partikel entgegen der Erstluft-
strömung wandern.

—▶ Die Anordnung von Wärmequellen im Produktraum ist
auszuschließen.

Stellt die Wärmequelle eine Prozeßeinrichtung dar, mit der das
Produkt in Kontakt kommen muß, so kann das Einflußgebiet der
freien Konvektion durch örtliches Erhöhen der Erstluftgeschwindig-
keit reduziert werden. Zwischen einem Lochblech und der Wärmequelle wird dazu ein Spalt belassen, der eine Sogwirkung verursacht.

—▶ Minimieren der Ausdehnung der Aufstaugebiete durch die
im Spalt erzeugte Sogwirkung und damit Verringerung der
Auswirkungen der Konvektion.

Bild 51:   Anordnung und Einbau von Wärmequellen

7.3 **Richtlinien zur strömungsgerechten Auslegung und Anordnung von Baugruppen in Fertigungsanlagen**

Baugruppen setzen sich aus verschiedenen Funktionsträgern zusammen. Insbesondere bei Handhabungs- und Transporteinrichtungen, die direkt mit dem Produkt in Kontakt stehen, sind bereits bei der konzeptionellen Auslegung die strömungstechnischen Aspekte zu beachten.

Die bisher aufgeführten, bezüglich der Auslegung von Funktionsträgern erstellten Richtlinien 1 und 2 sowie die auf deren Anordnung bezogenen Richtlinien 3 bis 6 besitzen auch für Baugruppen uneingeschränkt Gültigkeit. Nachfolgend sind weitere, systemspezifisch bestehende Richtlinien beschrieben.

■ **Richtlinie 7:**

Hermetisch dichte Kapselung sowie Absaugung an Baugruppen

➤ Ist ein Kapselung mit hermetischer Dichtigkeit nicht realisierbar, so ist zur Reduzierung von Partikelausbreitungsvorgängen auf eine Kapselung vollständig zu verzichten.

➤ Falls die Kapselung zur Funktion der Baugruppe beiträgt, jedoch nicht hermetisch dicht ist, so ist die Auslegung insbesondere unter Berücksichtigung der Richtlinien 1, 2 und 9 vorzunehmen.

Bild 52: Kapselung und Absaugung an Baugruppen

Hohe "Luftdurchlässigkeit" der Baugruppen anstreben

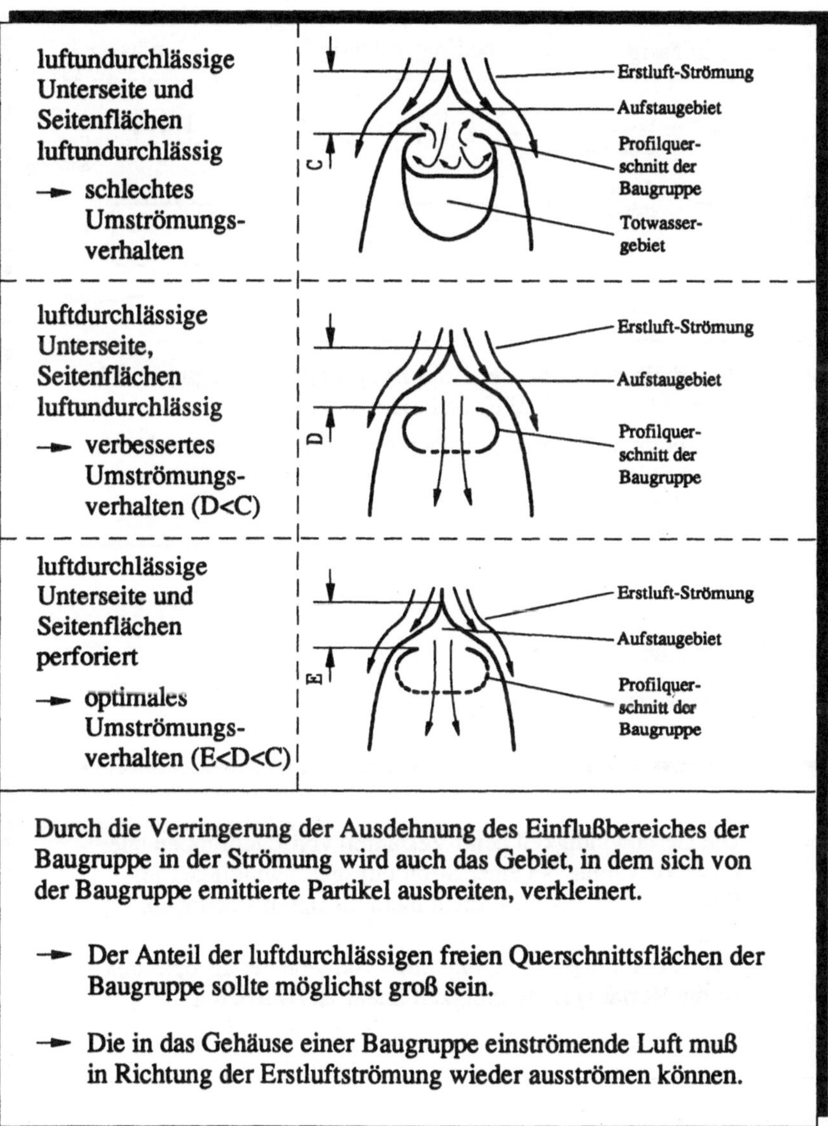

Durch die Verringerung der Ausdehnung des Einflußbereiches der
Baugruppe in der Strömung wird auch das Gebiet, in dem sich von
der Baugruppe emittierte Partikel ausbreiten, verkleinert.

→ Der Anteil der luftdurchlässigen freien Querschnittsflächen der
  Baugruppe sollte möglichst groß sein.

→ Die in das Gehäuse einer Baugruppe einströmende Luft muß
  in Richtung der Erstluftströmung wieder ausströmen können.

Bild 53:   Luftdurchlässigkeit von Baugruppen

Verdrängung von Luft entgegen der Richtung der Erstluftströmung vermeiden

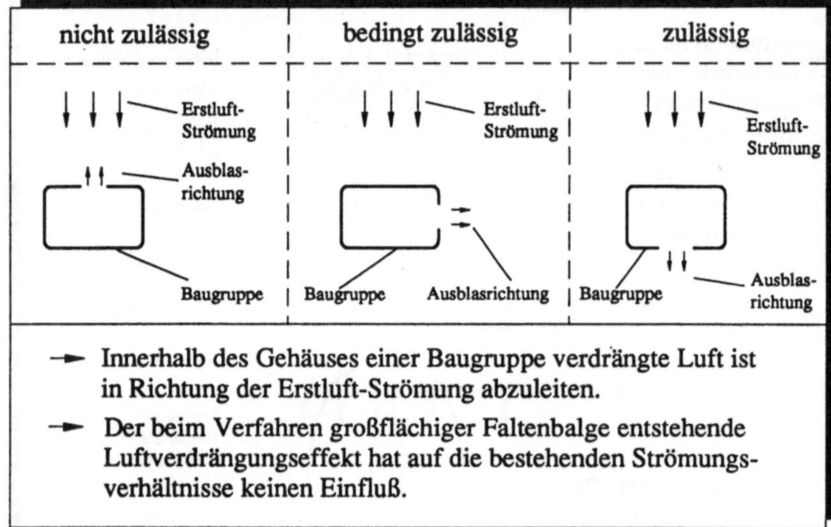

➤ Innerhalb des Gehäuses einer Baugruppe verdrängte Luft ist in Richtung der Erstluft-Strömung abzuleiten.

➤ Der beim Verfahren großflächiger Faltenbalge entstehende Luftverdrängungseffekt hat auf die bestehenden Strömungsverhältnisse keinen Einfluß.

Bild 54:   Beurteilung der Auswirkung von Luftverdrängungseffekten

Auswahl von Geschwindigkeitsparametern

➤ Die Geschwindigkeit beim Verfahren von Baugruppen oder Produkten sollte bei einer Strömungsgeschwindigkeit im Reinraum von 0,45 m/s nicht mehr als 0,5 m/s betragen.

➤ Bei Strömungsgeschwindigkeiten von weniger als 0,45 m/s ist die Verfahrgeschwindigkeit linear zu reduzieren.

Bild 55:   Vorgabe von Geschwindigkeitswerten bei Verfahrvorgängen

- **Richtlinie 11:**

Baugruppen bezüglich des Produktraumes und der Richtung der Reinraumströmung sinnvoll orientieren

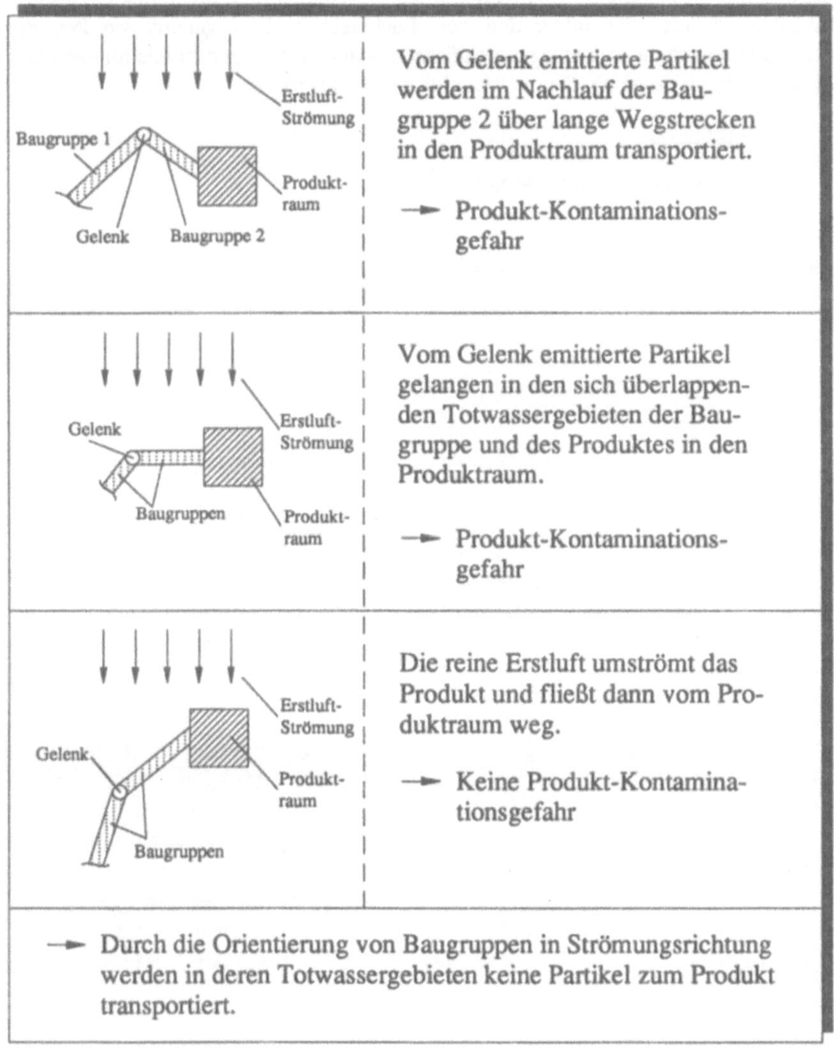

Bild 56: Orientierung von Baugruppen bezüglich Produktraum und Strömungsrichtung

7.4 Richtlinien zur strömungsgerechten Auslegung und Aufstellung von Fertigungsanlagen in Reinräumen

Der Vorteil einer strömungsgerechten Auslegung von Funktionsträgern und Baugruppen kann nur dann vollständig ausgenutzt werden, wenn die Strömungsverhältnisse in der Gesamtanlage optimiert werden. So können z. B. Spalteffekte, Absaugmaßnahmen oder die Integration von Lochblechen dazu genutzt werden, die Strömung ausgehend von anlagenspezifischen Randbedingungen zu beeinflussen und die Kontaminationsgefahr für die Produkte zu verringern.

■ **<u>Richtlinie 12:</u>**

Gezielter Einsatz von Lochblechen

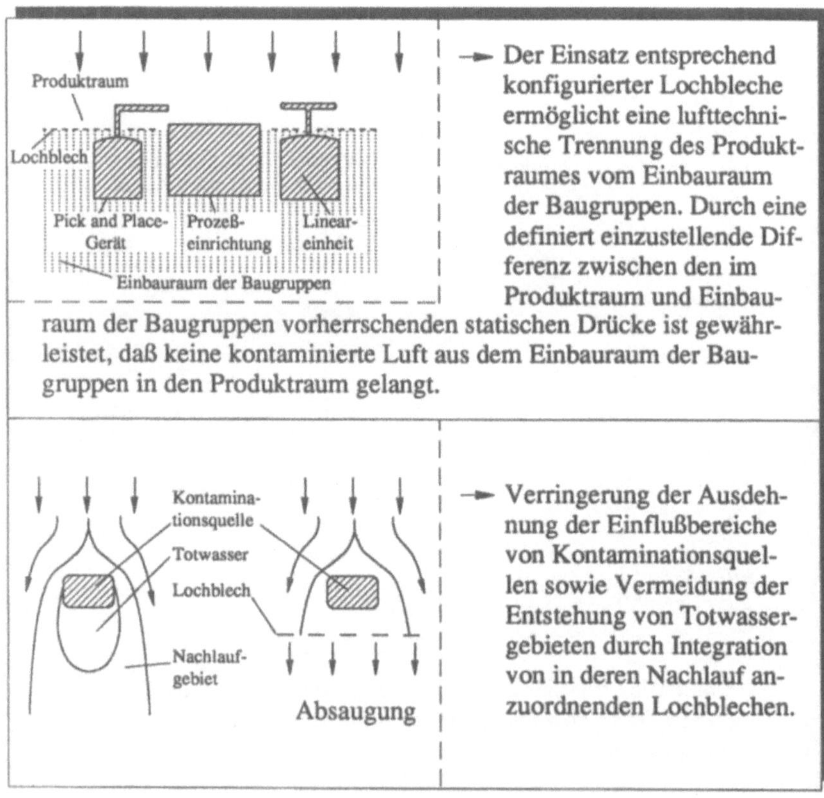

→ Der Einsatz entsprechend konfigurierter Lochbleche ermöglicht eine lufttechnische Trennung des Produktraumes vom Einbauraum der Baugruppen. Durch eine definiert einzustellende Differenz zwischen den im Produktraum und Einbauraum der Baugruppen vorherrschenden statischen Drücke ist gewährleistet, daß keine kontaminierte Luft aus dem Einbauraum der Baugruppen in den Produktraum gelangt.

→ Verringerung der Ausdehnung der Einflußbereiche von Kontaminationsquellen sowie Vermeidung der Entstehung von Totwassergebieten durch Integration von in deren Nachlauf anzuordnenden Lochblechen.

Bild 57: Einsatzmöglichkeiten von Lochblechen

- **<u>Richtlinie 13:</u>**

Offene Bauweise zum Doppelboden / Passive Absaugung

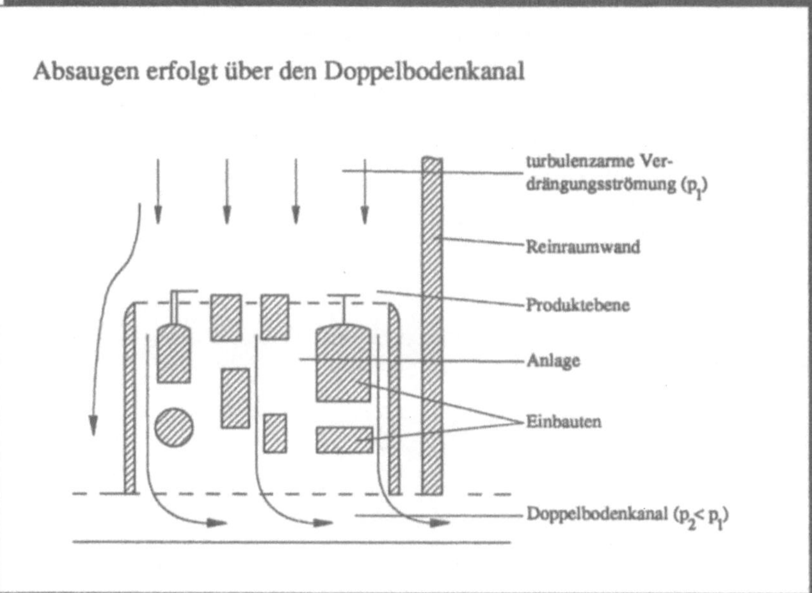

Das auf eine Anlage zuströmende Luftvolumen sollte zur Vermeidung der Entstehung von Querkontaminationsvorgängen in der
Produktebene sowie zur kontrollierten Ableitung der in einer Anlage generierten Partikel vollständig durch die Anlage hindurch-
strömen und über den Doppelboden abströmen können. Dies ist
am einfachsten unter Ausnutzung des im Doppelbodenkanal im
Vergleich zum Reinraum herrschenden Unterdrucks möglich.

➤ Verringern bzw. Vermeiden von Querkontaminationsvorgängen und Rückströmeffekten durch zum Doppelboden hin
   offene Anlagen.

➤ Passive Absaugung Partikel emittierender Funktionsträger und
   Baugruppen.

Bild 58: Offene Bauweise / Passive Absaugung von Fertigungsgeräten

- **<u>Richtlinie 14:</u>**

Spalteffekte ausnutzen, um die Ausdehnung von Aufstaugebieten zu reduzieren und die Entstehung von Ablösezonen zu vermeiden

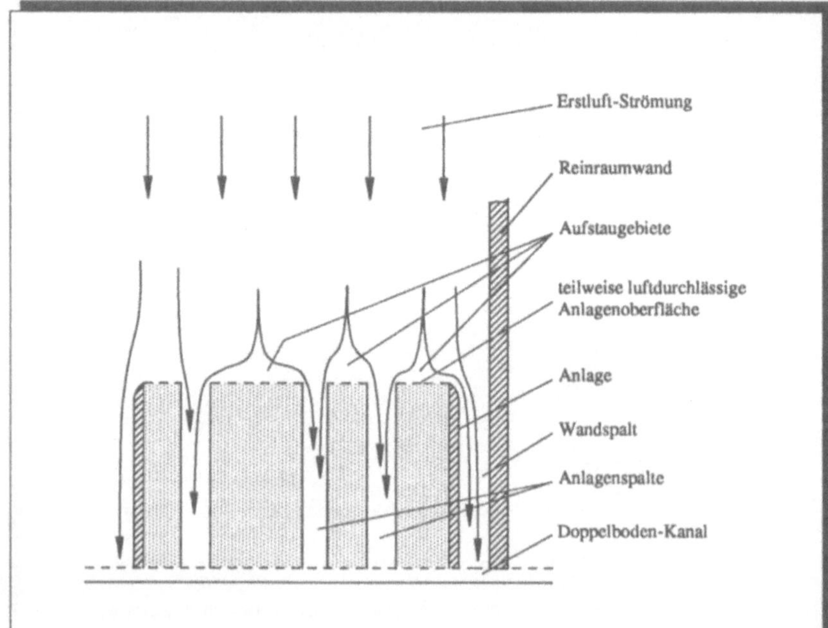

Ausnutzung von Spalteffekten zur Vermeidung der Bildung eines Gebietes der abgelösten Strömung (Rückströmzone) an vertikal angeordneten Wänden, zur Vermeidung der Entstehung von Aufstaugebieten in Eckenbereichen sowie zur Minimierung der Ausdehnung der Aufstaugebiete über luftundurchlässigen Anlagenoberflächen.

→ Zum Doppelboden hin offene Spalte belassen zwischen horizontal angeordneten und Eckenbereiche bildenden luftundurchlässigen Anlagenoberflächen sowie zwischen der Reinraumwand und der Anlage.

Bild 59:   Nutzungsmöglichkeiten von Spalteffekten

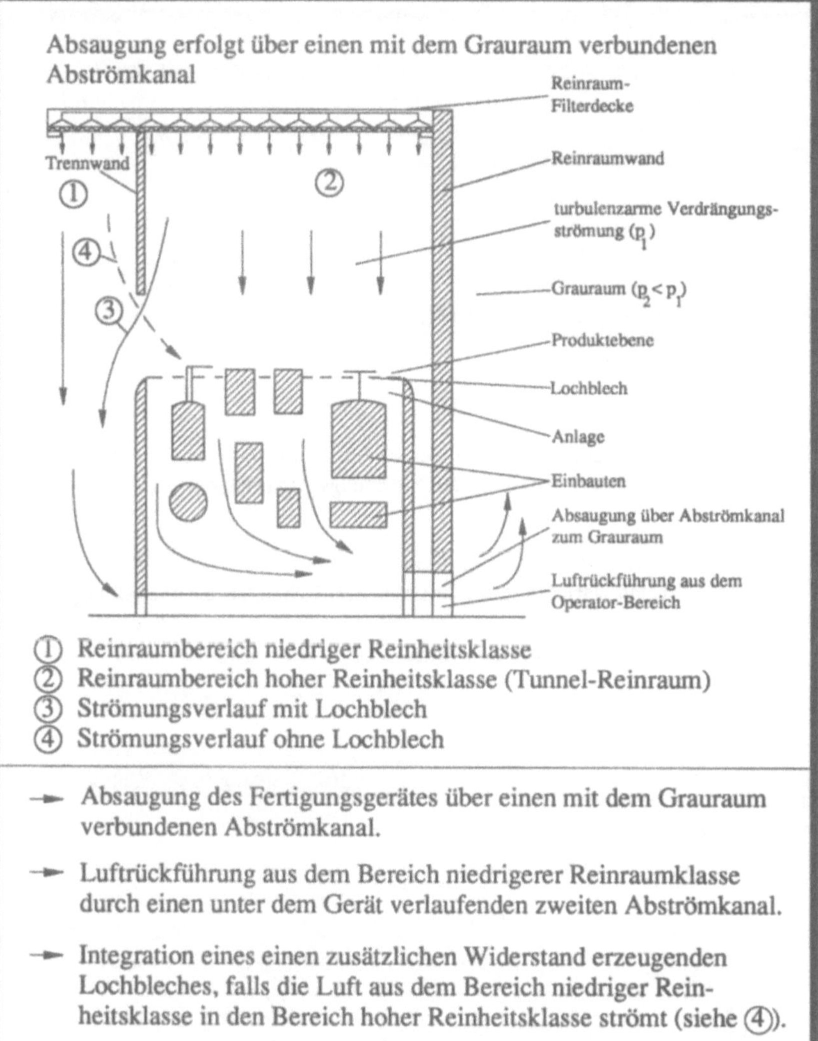

Bild 60: Absaugung von in Tunnel-Reinräumen aufgestellten Fertigungsgeräten

- **<u>Richtlinie 16:</u>**

**Ausdehnung der Einflußbereiche der Produkte in der Strömung
minimieren sowie Partikeltransport zu den Produkten vermeiden**

> ► Die Produkte sind in den Anlagen, wo immer dies mit einem
> vertretbaren konstruktiven Aufwand realisierbar ist, so zu hand-
> haben und zu transportieren, daß der Strömung möglichst wenig
> Widerstand entgegengesetzt wird.
>
> ► Erzeugt ein Produkt ein Totwassergebiet, so ist zu beachten, daß
> unter keinen Umständen Partikel in dieses gelangen dürfen.
> Das heißt, daß sich das Totwassergebiet eines Produktes mit dem
> Einflußbereich einer potentiellen Partikelquelle in der Strömung
> zu keinem Zeitpunkt der Fertigung überschneiden darf.

Bild 61: Berücksichtigung des Einflusses von zu handhabenden Produkten auf die
im Produktraum herrschenden Strömungsverhältnisse

- **<u>Richtlinie 17:</u>**

Erstluft-Strömungsrichtung den anlagenspezifischen Gegebenheiten anpassen

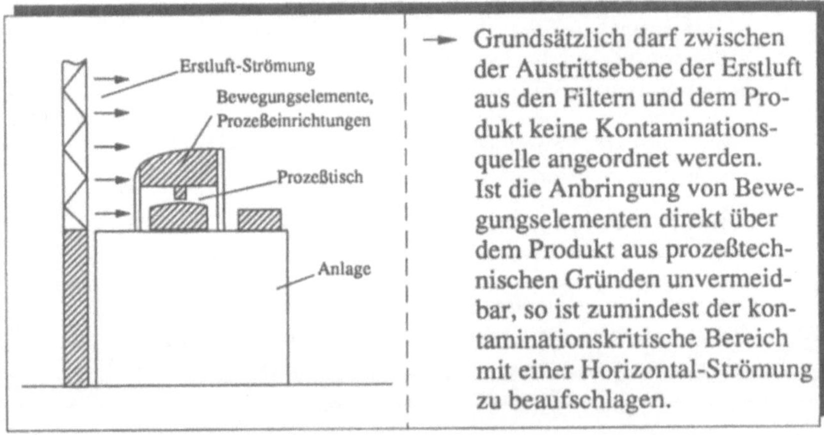

Bild 62: Variation der Richtung der Erstluft-Strömung

- <u>**Richtlinie 18:**</u>

Aktive Absaugung von Anlagenbereichen und deren Auswirkungen

➤ Besteht aus Gründen der Kontaminationsvermeidung die Notwendigkeit, in einem bestimmten Bereich einer Anlage abzu-
saugen und kann eine passive Absaugung nicht realisiert
werden, so muß eine aktive Absaugung erfolgen.
Die Höhe des abgesaugten Volumenstromes muß den räumlichen Gegebenheiten sowie den jeweiligen anlagen- und rein-
raumspezifischen Randbedingungen angepaßt werden. Die
Abluft ist so in die Rückluftkanäle des Reinraumes einzu-
leiten, daß das Produkt nicht kontaminiert werden kann.

➤ Müssen beispielsweise zur Kühlung von Funktionsträgern
oder elektronischen Bauelementen zusätzliche Lüfteraggre-
gate eingesetzt werden, so ist deren Einfluß auf die örtlich
vorherrschenden Strömungsverhältnisse unbedingt zu berücksichtigen.

➤ Es darf unter keinen Umständen kontaminierte Luft über
längere Wegstrecken quer oder entgegen der Reinraum-
Strömungsrichtung aktiv abgesaugt werden.

Bild 63:   Maßnahmen der aktiven Absaugung und deren Auswirkungen

■ <u>**Richtlinie 19:**</u>

Maßnahmen zur Strömungsführung

➤ Bei unvermeidbaren Versperrungen oberhalb der Produktebene
ist die Strömung durch geeignete Maßnahmen nach Möglichkeit
so zu führen, daß der Produktraum hinsichtlich seiner Durchströmung mit Erstluft unbeeinflußt bleibt. Maßnahmen zur
Strömungsführung sind

- die Abrundung von Kanten
- die strömungsgünstige Gestaltung von Oberflächen
- die Anbringung von Leitblechen
- die passive und aktive Absaugung
- die luftdurchlässige Gestaltung von Baugruppen und
  Anlagenoberflächen.

Bild 64:   Maßnahmen zur Strömungsführung

8 Umsetzung und Erprobung der Richtlinien anhand der Optimierung einer Prototypanlage

Im Zuge der Neuentwicklung eines vollautomatisierten Linienprofil-Meßsystems /120/ wird die Anwendbarkeit der Richtlinien in der Praxis an einer Prototypanlage erprobt.

Bei dem Linienprofil-Meßsystem handelt es sich um ein Laser-Raster-Mikroskop zur dreidimensionalen Messung von Strukturen bis in den Submikronbereich. Es wird mit hoher Reproduzierbarkeit berührungs- und zerstörungsfrei in Umgebungsatmosphäre gemessen. Das System ist für den Einsatz in den Bereichen Entwicklung, Labor, Produktion und Qualitätssicherung, insbesondere zur Halbleiterherstellung, bestimmt. Die Meßergebnisse stehen unmittelbar zur Verfügung und gewähren die lückenlose Kontrolle über den Waferherstellungsprozeß. Damit werden rasche Eingriffe in den Produktionsablauf möglich und eine Verbesserung der Qualität und Erhöhung der Ausbeute erzielt.

Bei einem typischen Meßablauf wird ein Carrier vom Operator in die Halterungen eingesetzt. Anschließend wird der erste Wafer von einem Handhabungssystem aus dem Carrier entnommen und der Zentrierstation zugeführt, in der die Orientierung ausgeführt wird. Danach legt eine Dreheinheit den Wafer auf einem x-y-z-Tisch ab. Mit Hilfe einer CCD-Kamera und eines motorisch betriebenen Objektivrevolvers wird die zu messende Stelle in das Bildfeld gebracht und die eigentliche Messung gestartet. Von der Entnahme des ersten Wafers aus der Horde, über das Zentrieren, Orientieren und Messen bis hin zum Ablegen des letzten Wafers in die Horde sind die Vorgänge frei programmierbar und laufen automatisch ab.

8.1 Beschreibung des Prototypen und der bestehenden Anforderungen

Das Linienprofil-Meßsystem läßt sich in die fünf Bereiche

- Optisches System (1)
- Handhabungssysteme (2)
- Laser-System (3)
- Steuerung (4)

und

- Bedienkonsole (5)

untergliedern. *Bild 65* zeigt den grundsätzlichen Aufbau des Gerätes.

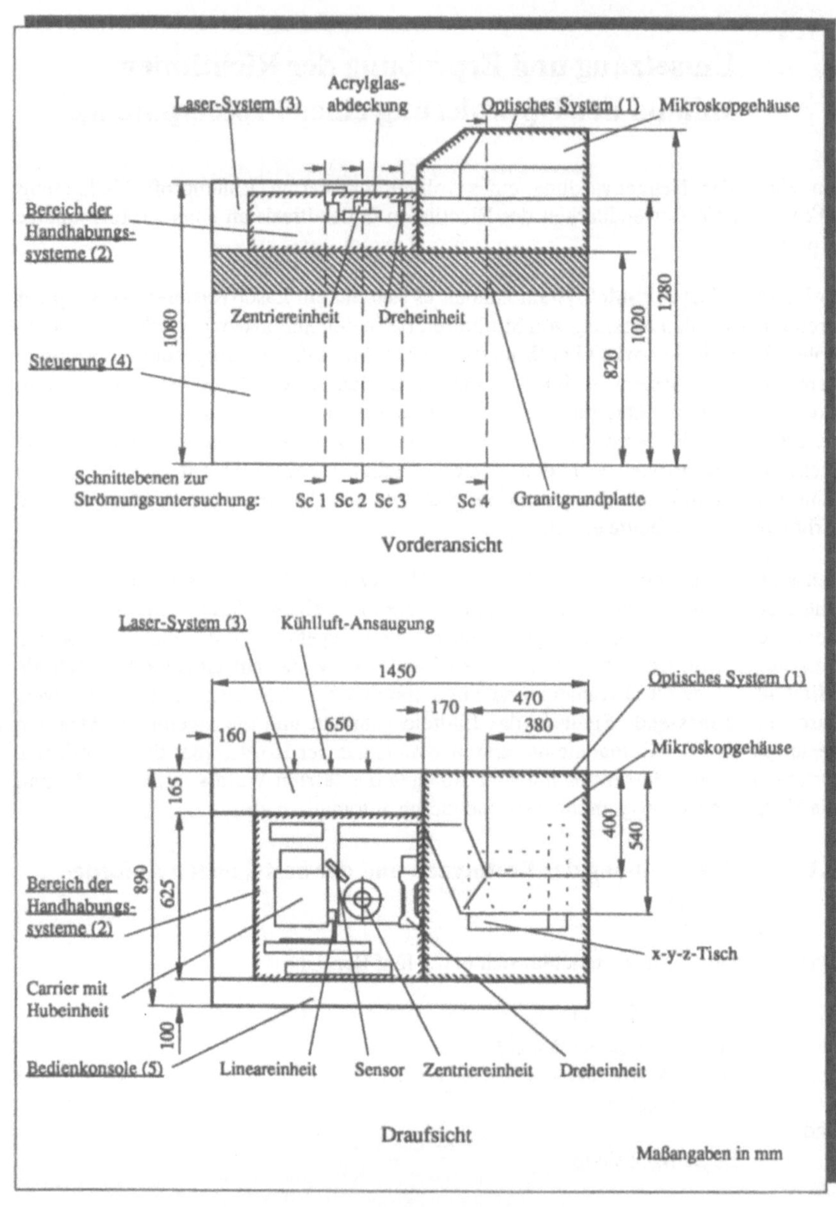

Bild 65:   Prinzipieller Aufbau des Linienprofil-Meßsystems

Der optische Teil des Meßsystems umfaßt unter anderem ein konfokales licht-optisches System, fünf Mikroskopobjektive, den motorisch betriebenen Objektiv-revolver sowie den x-y-z-Tisch. Der Handhabungsbereich besteht aus der Hub-, Linear-, Zentrier- und Dreheinheit und schließt seitlich an den optischen Teil an. Das mit einem Argon-Ionen-Laser arbeitende Lasersystem ist rückseitig und die Bedienkonsole frontseitig zum Handhabungsbereich angeordnet. In *Bild 65* sind die wichtigsten Abmessungen des Gerätes angegeben.

Der gesamte Handhabungs- und der optische Bereich sind auf einer massiven, luft-undurchlässigen, schwingungsentkoppelten Granitgrundplatte aufgebaut. Der Hand-habungsbereich ist mit Hilfe einer Acrylglasabdeckung gekapselt, die jedoch mit Aussparungen und Durchbrüchen versehen ist. Diese sind erforderlich, um zum Beispiel den Carrier wechseln zu können. Der Mikroskopraum ist zum Handhabungs-bereich hin offen und gegen die Umgebung ebenfalls mittels Acrylglas gekapselt. Zur Kühlung des Lasers wird von einem Lüfter an der Rückseite des Lasergehäuses ein Luftvolumenstrom von 170 m³/h angesaugt und seitlich wieder ausgeblasen. Aus dem unterhalb der Granitgrundplatte liegenden Bereich (4), in dem die Steuerungsmodule untergebracht sind, muß zur Kühlung der Elektronik ebenfalls Luft abgesaugt werden.

Das Linienprofil-Meßsystem soll für den Einsatz in Reinräumen der Klasse 10 geeignet sein. Dies bedingt die Verwendung reinraumtauglicher Funktionsträger, Baugruppen und Materialien.

Bei der Auswahl der Funktionsträger, Baugruppen und Materialien fanden in der Regel bestehende Richtlinien /15/ Beachtung. So wird beispielsweise als Wafer-handler ein Vakuum-Transportsystem eingesetzt, dessen speziell geformte und mit Teflonlack beschichtete Teile die Wafer nur von der Unterseite ansaugen. Dagegen wurde eine Auslegung unter Berücksichtigung strömungstechnischer Gesichtspunkte nicht vorgenommen.

Zur Handhabung und zum Transport der Wafer sind in das Linienprofil-Meßsystem auf sehr engem Raum fünf Systeme integriert. Da nicht ausgeschlossen werden kann, daß diese Systeme im Betrieb Partikel generieren, muß durch eine entsprechende strömungsgünstige Gestaltung gewährleistet werden, daß eventuell entstehende Partikel ohne Kontaminationsgefahr für das Produkt abgeleitet werden. Hierzu ist eine Optimierung der Strömungsverhältnisse unabdingbare Voraussetzung. Die Optimierung der Prototypanlage erfolgt entsprechend der in *Bild 43* aufgezeichneten Vorgehensweise zur Neuentwicklung einer Fertigungseinrichtung.

Da beim Bau des Prototypen Funktionsträger eingesetzt wurden, die teilweise nicht den Originalsystemen entsprachen, ist das untersuchte Meßsystem als rein-raumuntauglich einzustufen. Dieser Umstand hat jedoch auf die Ergebnisse der experimentellen Strömungsuntersuchungen keinerlei Einfluß und ermöglicht die Anwendung kontaminierender Untersuchungsmethoden.

8.2   Schwachstellenanalyse

Die Untersuchungen werden in dem für Strömungsversuche zur Verfügung stehenden Reinraumlabor durchgeführt. Zwischen der Reinraumwand und der Rückwand der Prototypanlage wird ein 80 mm breiter Spalt belassen, durch den die Luft zum Doppelboden hin abfließen kann. Somit ist ein Umströmungsverhalten der Gesamtanlage gewährleistet, das den gestellten Anforderungen gerecht wird.

Im *Bild 66* ist die Seitenansicht der untersuchten Ausgangskonfiguration in der Schnittebene Sc1 dargestellt.

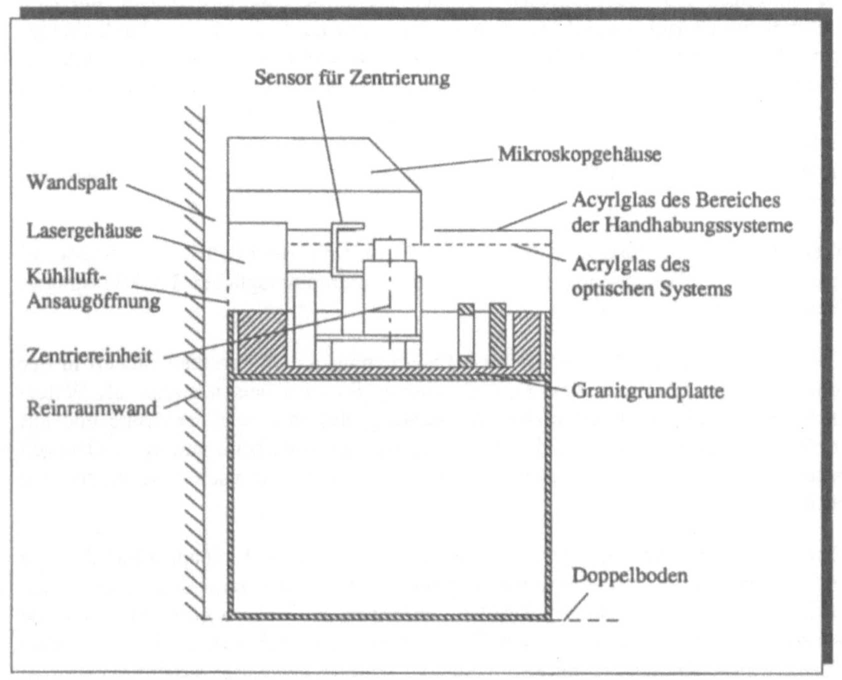

Bild 66:   Ausgangszustand des Linienprofil-Meßsystems in der Schnittebene Sc1 (Sc1 siehe *Bild 65*)

Bei der mit Hilfe von Geschwindigkeits- und Turbulenzgradmessungen sowie der Sichtbarmachung von Strömungsvorgängen durchgeführten Analyse werden vier Schwachstellen aufgezeigt.

- Der Handhabungsbereich ist durch eine teilweise mit Aussparungen versehene Acrylglasabdeckung gekapselt. Die Wafer werden in diesem gekapselten Bereich gehandhabt, so daß eine lufttechnische Trennung zwischen dem Produktraum und dem als kontaminiert anzunehmenden Bereich nicht erfolgt (*Bild 67*).

- Die massive Granitgrundplatte, auf der der Handhabungs- und der optische Bereich aufgebaut sind, ist luftundurchlässig. Eine Absaugung des durch die Aussparungen der Acrylglasabdeckung in den Handhabungsbereich eintretenden Luftvolumens kann somit nach unten nicht stattfinden. Der durch die Aussparung eindringende Volumenstrom verursacht im gekapselten Handhabungsbereich langsame, meßtechnisch nachweisbare Luftbewegungen. Von den Handhabungssystemen generierte Partikel können dadurch auf die Wafer gelangen und diese kontaminieren (*Bild 67*).

- Die fünf Mikroskopobjektive sind auf einem Objektivwechselrevolver angeordnet. Der Revolver wird über ein Kegelradgetriebe verstellt, das motorisch angetrieben wird. Durch die Drehung der mechanischen Komponenten werden im Mikroskopraum mit Sicherheit Partikel generiert. Da die Komponenten direkt oberhalb des x-y-z-Tisches, auf dem die zu untersuchenden Wafer positioniert werden, installiert sind, werden die Wafer höchstwahrscheinlich während des Inspektionsvorganges kontaminiert. Der Mikroskopraum ist gekapselt und besitzt keine Absaugung, so daß dort keine definierten Strömungsverhältnisse herrschen (*Bild 67*).

- Einen weiteren kritischen Punkt stellt die über der Hubeinheit angeordnete Carrieraufnahme dar. Der Be- und Entladevorgang der Wafer findet innerhalb des mit Acrylglas gekapselten Bereiches der Handhabungssysteme statt. Die Kapselung ist an der Stelle der Carrieraufnahme mit einer der Carrier-Geometrie entsprechenden Aussparung versehen. Durch die verbleibenden Spalte fließt Luft in den gekapselten Raum und wird verwirbelt. Da der Carrier während der gesamten, mehrere Minuten betragenden Meßzeit an der Aufnahmestelle verbleibt, können hier Partikel auf die Wafer gelangen.

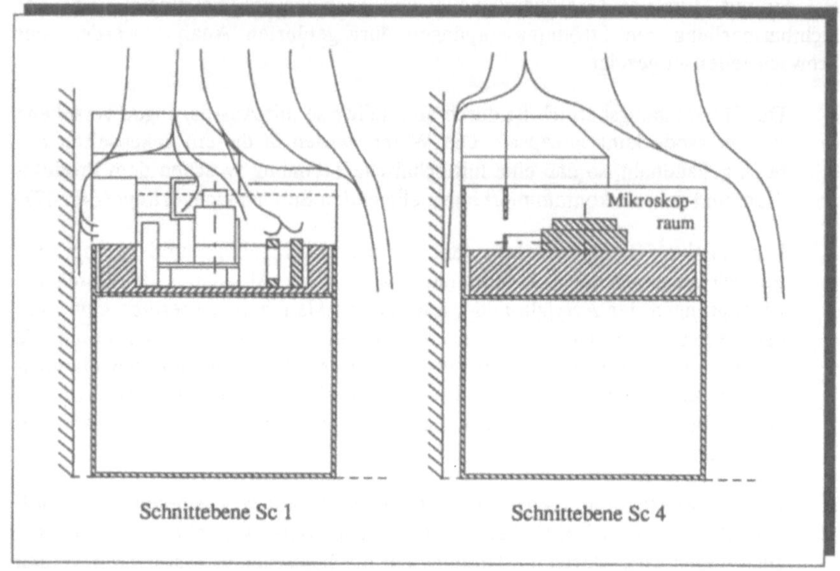

Bild 67: Strömungsverhältnisse im Ausgangszustand in den Schnittebenen Sc1 und Sc4 (Sc1 und Sc4 siehe *Bild 65*)

8.3 Modifikationsphase

Bezüglich der Modifikationsansätze lassen sich folgende Forderungen ableiten:

Die Einflußbereiche der Handhabungssysteme in der Strömung müssen durch geeignete Maßnahmen soweit möglich vom Produktraum getrennt werden. Die in den Bereich der Handhabungssysteme einströmende Luft muß ohne Kontaminationsgefahr für das Produkt wieder abströmen können. Um eine Kontamination der Wafer während des Inspektionsvorganges zu vermeiden, sind über dem x-y-z-Tisch generierte Partikel abzuleiten. Ein Teil des Carriers steht -konstruktiv bedingt- im Bereich der Handhabungssysteme. Es muß gewährleistet werden, daß die sich im Carrier befindlichen Wafer nicht kontaminiert werden.

In den in *Bild 65* gekennzeichneten vier Schnittebenen Sc1 bis Sc4 werden sowohl qualitative als auch quantitative Strömungsuntersuchungen vorgenommen. Um die Einflußbereiche der zu handhabenden Wafer von denen der Handhabungssysteme zu trennen, wird unterhalb der Horizontalebene, in der die Handhabungsvorgänge ablaufen, eine Lochblech-Abdeckung eingezogen (relative freie Lochfläche A_F von 43 %).

Die auf den Bereich der Handhabungssysteme zufließende Erstluft tritt somit, nachdem sie den Produktraum durchflossen hat, zum Teil durch das Lochblech in den Bereich der Handhabungsysteme ein. Um Rückströmungen zu vermeiden, wird ein Teil dieses Luftvolumens durch die im Bereich der Bedienkonsole abgeschrägte Lochblechabdeckung abgeleitet.

Um auch im Bereich der Carrieraufnahme eine definierte Strömung erzeugen zu können, wird der zur Kühlung des Lasers erforderliche Luftstrom von 170 m^3/h nicht mehr an der Rückseite, sondern an der im Bereich der Handhabungssysteme liegenden Gehäuseseite des Lasers abgesaugt. Er entspricht einem Anteil von etwa 25 % der auf den Bereich der Handhabungssysteme zuströmenden Luft. Die Querschnittsfläche der Absaugöffnung beträgt 360 cm^2.

Die vor dem Mikroskopgehäuse installierte Acrylglasabdeckung wird durch dasselbe Lochblech ersetzt. Ein Teil der durch das Lochblech in den Mikroskopraum (*Bild 67*) eintretenden Erstluft wird an der Gehäuserückseite abgesaugt. Dadurch soll ein Überströmen des x-y-z-Tisches mit Erstluft erzielt werden. Abgesaugt wird ein Volumenstrom von 50 m^3/h. Dies entspricht etwa 10 % des Luftvolumenstromes, der auf das vor dem Mikroskopgehäuse installierte Lochblech zufließt.

Die nachfolgenden *Bilder 68* und *69* zeigen die sich nach der Ausführung der beschriebenen Modifikationen in den vier Schnittebenen einstellenden Strömungsverhältnisse.

Die in der Schnittebene Sc1 ermittelten, in *Bild 68* aufskizzierten Strömungsverhältnisse belegen die positiven Auswirkungen der aktiven Absaugung des Bereiches der Handhabungssyteme. Ausgehend von der Annahme, daß etwa 50 % des auf den Bereich der Handhabungssysteme zuströmenden Luftvolumens durch das Lochblech in diesen hineinströmt, entspricht die Höhe des Luftvolumens, das durch die perforierte Abschrägung abströmen kann, ungefähr dem abgesaugten Luftvolumenstrom von ca. 170 m^3/h. Da die Abschrägung tiefer als der Produktraum liegt und die ausströmende Luft vom Produktraum wegfließt, stellen diese Strömungsverhältnisse keine Kontaminationsgefahr für die Wafer dar.

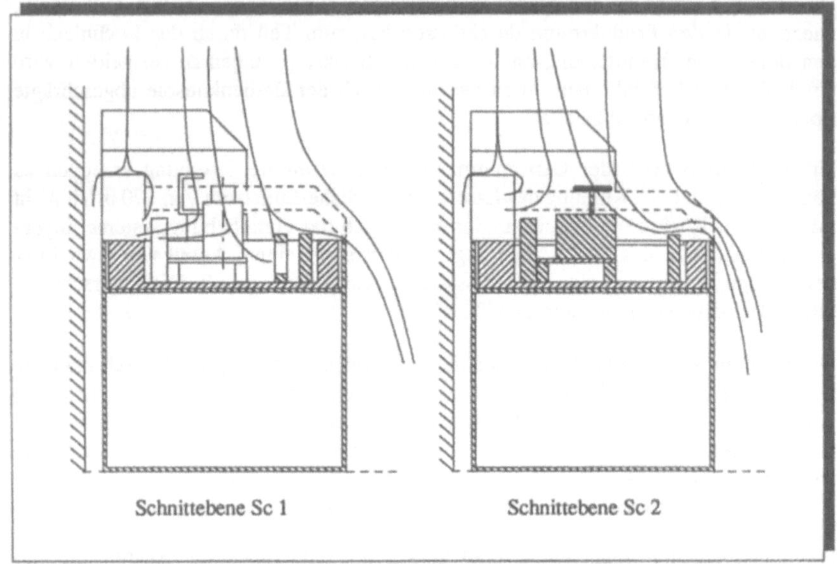

Bild 68:   Strömungsverhältnisse in den Schnittebenen Sc1 und Sc2 (Sc1 und Sc2 siehe *Bild 65*)

Die in den Schnittebenen Sc2 aufgezeichneten Strömungsverhältnisse lassen deutlich erkennen, daß durch die zusätzliche Absaugung von Luft in das Lasergehäuse eine bessere Erstluftversorgung der Waferposition während des Zentriervorganges erzielt wird und sich dadurch auch eine stabilere Strömung einstellt.

Diese Aussagen besitzen auch für die Strömungsverhältnisse in der Schnittebene Sc3 Gültigkeit, die in *Bild 69* gezeigt werden. In der Schnittebene Sc4 tritt ein Teil des auf das optische System zuströmenden Luftvolumenstromes durch das Lochblech hindurch und fließt nach vorne wieder ab. Die über dem x-y-z-Verfahrtisch aufgenommenen, in *Bild 70* angegebenen Meßwerte belegen, daß durch die Absaugung an der Rückseite des Mikroskopraumes eine gerichtete Querströmung langsamer Geschwindigkeit erzeugt wird.

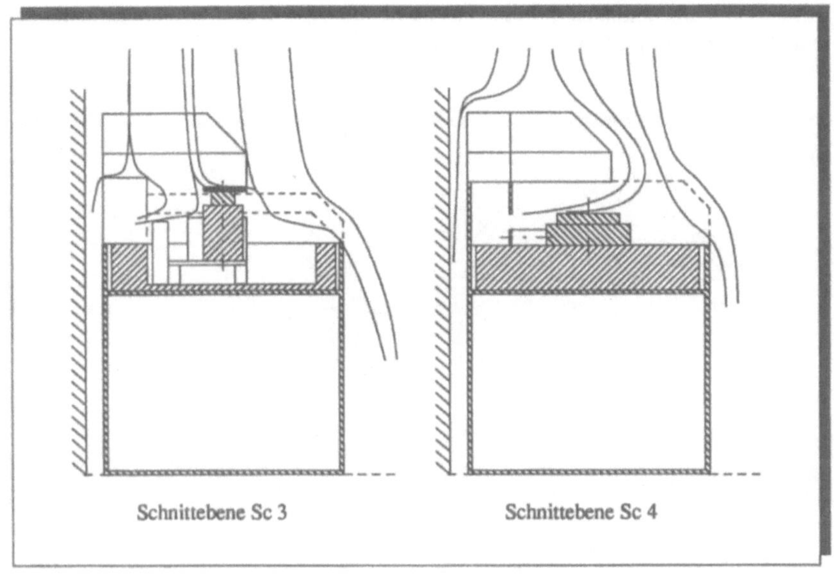

Bild 69: Strömungsverhältnisse in den Schnittebenen Sc3 und Sc4 (Sc3 und Sc4 siehe *Bild 65*)

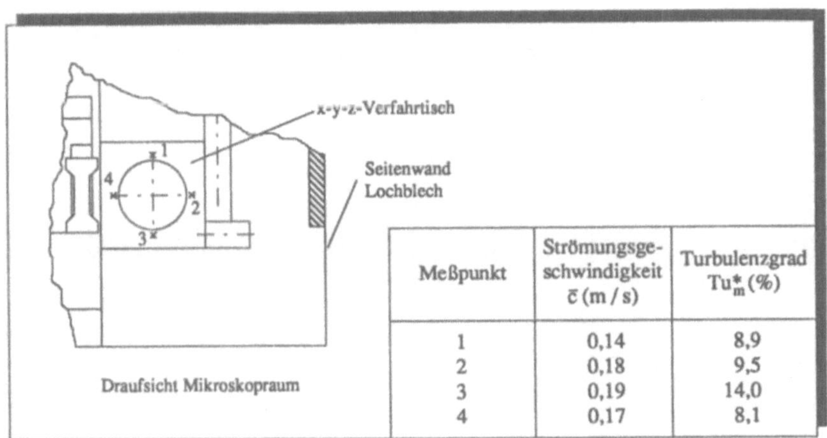

Meßpunkt	Strömungsge-schwindigkeit $\bar{c}$ (m / s)	Turbulenzgrad Tu_m^* (%)
1	0,14	8,9
2	0,18	9,5
3	0,19	14,0
4	0,17	8,1

Bild 70: Strömungsverhältnisse über dem x-y-z-Verfahrtisch

In *Bild 71* sind alle Meßstellen gekennzeichnet, an denen in der Produktebene die Richtung und Geschwindigkeit der Strömung, sowie deren Turbulenzgrad ermittelt wurde. Die aufgenommenen Meßwerte, sowie die zugehörigen Strömungsrichtungen in der x-y- und der y-z-Ebene sind ebenfalls in *Bild 71* aufgeführt.

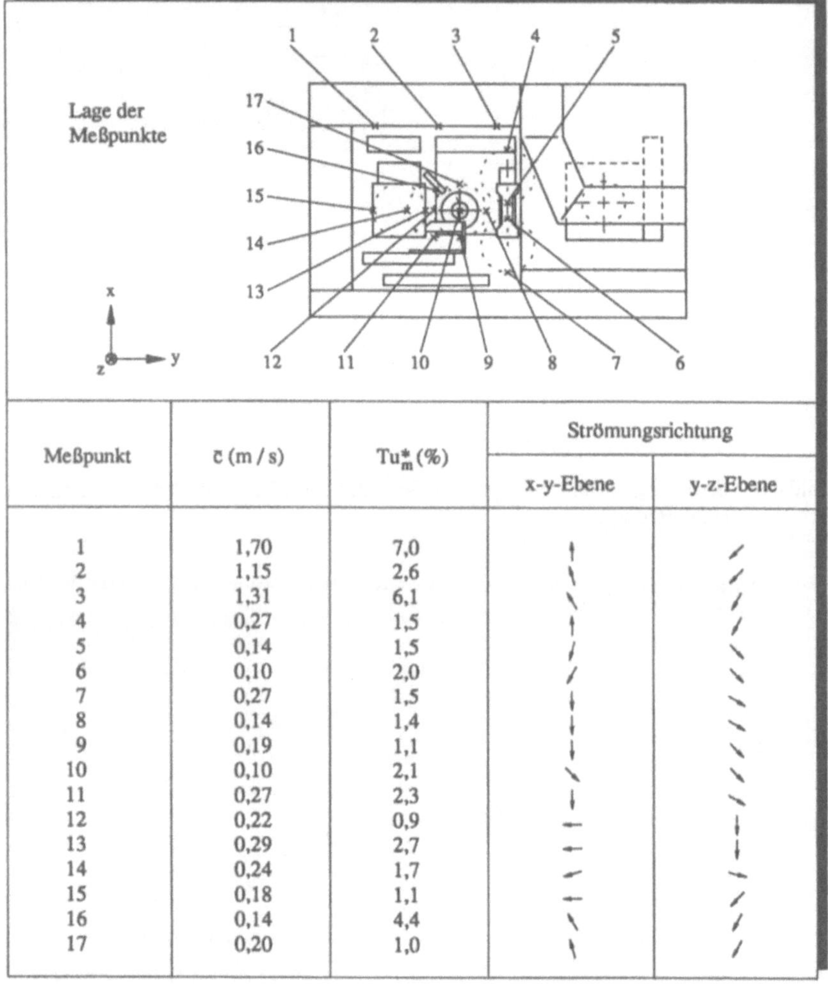

Meßpunkt	$\bar{c}$ (m / s)	Tu_m^* (%)	Strömungsrichtung x-y-Ebene	y-z-Ebene
1	1,70	7,0		
2	1,15	2,6		
3	1,31	6,1		
4	0,27	1,5		
5	0,14	1,5		
6	0,10	2,0		
7	0,27	1,5		
8	0,14	1,4		
9	0,19	1,1		
10	0,10	2,1		
11	0,27	2,3		
12	0,22	0,9		
13	0,29	2,7		
14	0,24	1,7		
15	0,18	1,1		
16	0,14	4,4		
17	0,20	1,0		

Bild 71: Geschwindigkeiten, Turbulenzgrade und Richtungen der Strömung in der Produktebene im Bereich der Handhabungssysteme

Die Werte belegen, daß durch die vorgenommenen Modifikationen in den Meßpunkten stabile, turbulenzarme Strömungsverhältnisse vorliegen. In keinem Punkt ist die

Tendenz einer Rückströmung feststellbar. Deutlich erkennbar ist der Einfluß der Absaugung in den direkt oberhalb der Absaugöffnung liegenden Meßpunkten 1, 2 und 3.

Bei einer zweiten Untersuchungsvariante wird die Granitgrundplatte neben den vier Seitenflächen der Carrieraufnahme mit 80 mm-Bohrungen versehen. Hier werden insgesamt 100 m³/h Luft abgesaugt.

Bild 72 zeigt die Auswirkungen der beiden Absaugvarianten. In einer Draufsicht ist das jeweilige Gebiet gekennzeichnet, aus dem im Bereich der Handhabungssysteme die Luft abgesaugt wird. Aus den Darstellungen wird ersichtlich, daß beide Absaugvarianten dazu geeignet sind, im Bereich der Handhabungssysteme generierte Partikel wirksam abzuleiten. Die Anordnung von Absaugöffnungen neben den Seitenflächen des Carriers verringert dabei unter Umständen die Gefahr, daß Partikel durch den in der Aufnahme stehenden Carrier hindurchgesaugt werden.

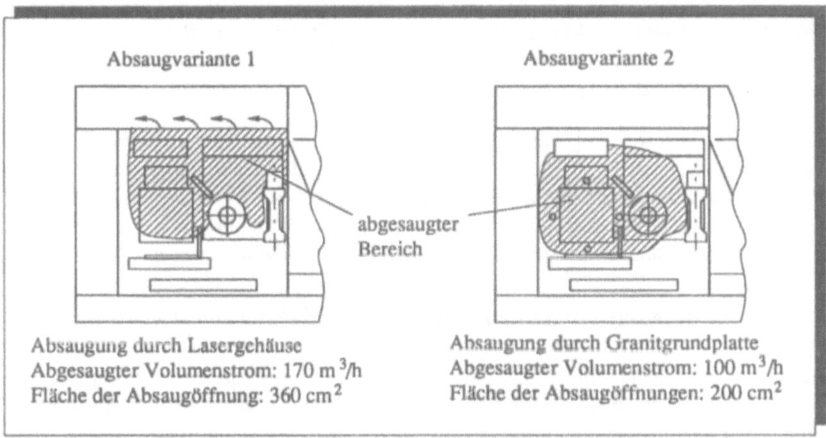

Bild 72:   Im Bereich der Handhabungssysteme abgesaugte Gebiete

8.4 Optimierte Fertigungseinrichtung

Die optimierte Konfiguration des Prototypen eines vollautomatisierten Linienprofil-Meßsystems zeichnet sich inbesondere durch die lufttechnische Trennung zwischen dem Produktraum und dem Systemraum der Handhabungseinrichtungen aus. Durch die Integration eines unterhalb der Produktebene eingebauten Lochbleches mit einer relativen freien Lochfläche A_F von 43 % sowie der Entnahme eines definierten Luftvolumenstromes aus dem Systemraum der Handhabungsgeräte wird das Rückströmen kontaminierter Luft in den Produktraum verhindert. Bei der Absaugung des zur Kühlung des Argon-Ionen-Lasers erforderlichen Luftstromes werden ungefähr

50 % des in den Bereich der Handhabungsysteme eintretenden Luftstromes abgeleitet. Da die verbleibenden 50 % wegen der massiven Granitgrundplatte nicht zum Doppelboden hin abströmen können, wird das Lochblech im Bereich der Bedienkonsole mit einer Abschrägung versehen. Die Luft kann somit ohne Kontaminationsgefahr für die Wafer nach vorne aus dem kontaminierten Bereich austreten.

Durch das erfolgte Tieferlegen der Lochblechebene im Vergleich zur Acrylglaskapselung wird erreicht, daß der Be- und Entladevorgang des Carriers nicht mehr im kontaminationsgefährdeten Gebiet durchgeführt wird und dort während eines Inspektionszyklus auch keine Wafer mehr zwischengepuffert werden. Zwischen dem Carrier und dem Lochblech wird ein 20 mm breiter Spalt belassen. Da die Stelle der Carrieraufnahme bzw. die Hubeinheit noch im Einflußbereich der Absaugung liegt, bilden sich seitlich des Carriers keine Rückströmzonen aus.

Durch die an der Rückseite des optischen Systems vorgenommene Absaugung eines Luftvolumenstromes von 50 m^3/h bildet sich über dem x-y-z-Tisch (Inspektionsplatz) eine Querströmung aus. Es ist davon auszugehen, daß von der zur Objektivverstellung dienenden Mechanik generierte, luftgetragene Partikel aus dem Inspektionsraum abgeleitet werden und somit eine Sedimentation dieser Partikel auf den Wafer nicht stattfindet.

Ein Teil des zur Kühlung des Lasers und der Steuerungselektronik erforderlichen Luftvolumenstromes kann aus den Bereichen der Handhabungssysteme und des optischen Systems abgesaugt werden. Die Absaugung des Bereiches der Steuerung sollte zur Vermeidung zusätzlicher Kosten unter Ausnutzung des zwischen Reinraum und Doppelbodenkanal vorhandenen Druckgefälles erfolgen.

8.5   Bewertung der Anwendbarkeit der aufgestellten Richtlinien

Bei der unter Beachtung strömungstechnischer Gesichtspunkte durchgeführten Optimierung des Prototyps eines Linienprofil-Meßsystems konnte durch die Anwendung von 9 der ingesamt 19 aufgestellten Richtlinien eine signifikante Verbesserung der in der Umgebung und innerhalb des Gerätes herrschenden Strömungsverhältnisse erreicht werden. Die Optimierung hatte das Ziel, die Kontaminationsgefahr für die Wafer zu minimieren. Es gelang, den Produktraum von den Einflußbereichen potentieller Partikelquellen in der Strömung zu trennen. Des weiteren konnte im Inspektionsraum die Erzeugung einer Querströmung realisiert werden, durch die luftgetragene Partikel aus diesem abgeleitet werden.

Das Beispiel der optimierten Fertigungseinrichtung belegt, daß die abgeleiteten, Allgemeingültigkeit besitzenden Richtlinien in der Praxis problemlos angewendet bzw. umgesetzt werden können.

9 Zusammenfassung und Ausblick

In der Reinraumtechnik werden heute Parameter für die Reinheit und Strömungsgeschwindigkeit der Luft sowie deren zulässige Toleranzen exakt vorgeschrieben, und zwar sowohl in den bereits geltenden Standards wie auch in den in der Entwurfsphase befindlichen. In bezug auf die optimale Höhe der mittleren Turbulenzintensität einer turbulenzarmen Verdrängungsströmung, die einen sehr wichtigen Parameter zur Qualifizierung der im Reinraum vorherrschenden Strömungsverhältnisse darstellt, werden jedoch keinerlei Vorgaben gemacht. Eine Analyse der zu dieser Thematik bisher veröffentlichten Arbeiten zeigt, daß die Auswirkungen beispielsweise einer Vielzahl verschiedener Decken- oder Bodenkonstruktionen auf die Reinraumströmung ausführlich untersucht wurden. Die Einflüsse unterschiedlicher Turbulenzintensitäten der Reinraumströmung auf die Umströmung von Fertigungseinrichtungen sind dagegen praktisch noch nicht erfaßt.

Eine Analyse von zur Herstellung von Halbleiterprodukten entwickelten Fertigungseinrichtungen ergab, daß einerseits der Automatisierungsgrad der Anlagen stetig wächst und auch zunehmend reinraumtaugliche Funktionsträger und Baugruppen eingesetzt werden, daß aber andererseits eine Gestaltung der Einrichtungen unter strömungstechnischen Gesichtspunkten nur in Einzelfällen stattfindet.

Um den Einfluß unterschiedlicher Turbulenzintensitäten der Reinraumströmung auf die Ausdehnung der von Bauteilen beeinflußten Strömungsbereiche festzustellen, wurden in einem Reinraum mit turbulenzarmer Verdrängungsströmung bei unterschiedlichen Deckenaufbauten die Auswirkungen von zwei Lufteinführungsprinzipien auf die Umströmung von Bauteilprofilen bestimmt. Die Ermittlung der Grenzbereiche zwischen beeinflußter und nicht beeinflußter Strömung sowie Nachlauf- und Totwassergebiet war dabei hauptsächlicher Gegenstand des Interesses. Des weiteren wurden im Nachlauf der als Partikelquelle fungierenden Bauteilprofile umfangreiche Partikelmessungen vorgenommen, um Partikelausbreitungs- und Querkontaminationsvorgänge zu erfassen. Die Ergebnisse dieser Partikelmessungen belegen, daß von einer frei umströmten Versperrung emittierte Partikel nur in deren Einflußbereich in der Strömung, bestehend aus Aufstau- und Nachlaufgebiet, detektiert werden können. Es wurde weiterhin nachgewiesen, daß die Verringerung der mittleren Turbulenzintensität einer turbulenzarmen Reinraumströmung die Ausweitung des Nachlaufgebietes einer frei umströmten Versperrung zur Folge hat. Somit wird der Bereich, über den sich von einer Kontaminationsquelle emittierte Partikel verteilen, mit abnehmender Turbulenzintensität größer. Auf Grund der erhaltenen Ergebnisse kann die Aussage gemacht werden, daß die Erzeugung einer turbulenzarmen Strömungsform, wie sie mittels einer Filterdecke ohne nachgeschaltete Abströmhilfe erreicht wird, sinnvoll ist.

Auf der Basis der bei der Analyse der Halbleiter-Fertigungsgeräte in bezug auf die Strömungstechnik identifizierten Schwachstellen wurden an exemplarisch ausgewählten Funktionsträgern und Baugruppen sowie an nachgebildeten Anlagenkonfigurationen experimentelle Strömungsuntersuchungen durchgeführt. Dabei fanden Aspekte der konstruktiven Bauweise, der Anordnung, der Aufstellung und der Produkthandhabung Berücksichtigung. Von den Untersuchungsergebnissen und den daraus abgeleiteten Erkenntnissen ausgehend wurden allgemeingültige Richtlinien entwickelt, die den Anlagenkonstrukteuren als Hilfsmittel zur Auslegung reinraumtauglicher Fertigungseinrichtungen unter strömungstechnischen Gesichtspunkten dienen.

Anhand der Optimierung einer Prototypanlage wurde gezeigt, daß die Richtlinien in der Praxis anwendbar sind. Durch die Ausführung von konstruktiven, auf der Grundlage der Richtlinien vorgenommenen Modifikationen konnte unter der Zielsetzung der Reduzierung der für das Produkt bestehenden Kontaminationsgefahr eine signifikante Verbesserung der Strömungsverhältnisse erzielt werden.

Um die Qualität von Produkten, die unter Bedingungen höchster Luftreinheit gefertigt werden müssen, weiter zu erhöhen, sowie zur Optimierung der bei der Fertigung erreichten Ausbeute sind aufbauend auf den in dieser Arbeit behandelten Entwicklungsschwerpunkten zukünftig weitere, auf den Gebieten der Strömungstechnik und der Partikelemission bestehende Problembereiche zu untersuchen.

Bei der Einkapselung von Fertigungsgeräten ändern sich die für die strömungstechnische Auslegung der Geräte und Reinräume relevanten Randbedingungen. Strömungstechnische Grundlagenuntersuchungen müssen deshalb zukünftig verstärkt im Bereich der lokalen Reinräume durchgeführt werden.

Auf den Gebieten der Materialforschung und Oberflächentechnik herrscht bezüglich der Auswahl geeigneter Materialien und Materialpaarungen sowie der Beschichtung und Vergütung von Oberflächen sowohl bei Herstellern als auch bei Anwendern entsprechender Fertigungseinrichtungen Unklarheit. Daher müssen auf diesem Gebiet intensive Forschungs- und Entwicklungsarbeiten geleistet werden.

Zur Minimierung der insbesondere in der Halbleiterfertigung während der Prozeßabläufe für die Produkte bestehenden Kontaminationsgefahr sowie zur Erzielung höherer Prozeßstabilitäten sind im Bereich der Medienversorgung und -entsorgung vielfältige Probleme zu lösen.

Im Bereich der Partikelmeßtechnik sind unter Berücksichtigung wirtschaftlicher Gesichtspunkte Verfahren zur Detektion der Kontamination auf technischen Oberflächen bis zu Partikeldurchmessern von 0,5 μm zu entwickeln. Weiterhin ist die Herleitung einer Meßvorgehensweise notwendig, die eine vergleichende Beurteilung der Reinraumtauglichkeit von Fertigungsgeräten gestattet.

10 Schrifttum

/1/ Austin, P. R.: Austin's Clean Rooms of the World.
Ann Arbor Mich.: Ann Arbor Science Publishers,
1967.

/2/ Waite, R.: The Clean Room.
General Electric Space Technology Center,
Valley Forge Pa. 1961.

/3/ Zeiner, F.: Reinraumtechnik für die Megabit-Chip-Fertigung.
In: productronic (1986) Nr. 3, S. 97-98.

/4/ Schicht, H. H.: Conceptual design of clean areas.
In: European Semiconductor (July 1989), S. 12-13.

/5/ Lehna, R.: Reinraumzonen in der Pharmaindustrie.
In: Technik am Bau Sonderheft Reinraumtechnik
(1987), S. 33-38.

/6/ Gail, L.: Reinraumanlagen für Pharma- und Biotechnologie.
Vortrag anläßlich des CONCEPT Symp. Fortschritte
in der Reinraumtechnik, Frankfurt, 1985.

/7/ Bartz, H.: Reinraumtechnik im Krankenhaus.
Fachtagung Reinraumtechnik, Haus der Technik,
Essen, Oktober 1987.

/8/ Bohrer, B.: Reinraum-Bedingungen in der Gesamtanlage.
In: Reinraumtechnik (1989) Nr. 1, S. 32-36.

/9/ Reuter, H.: Fehlerrate wird stark vom Verpacken bestimmt.
In: Reinraumtechnik (1989) Nr. 1, S. 12-19.

/10/ Ryssel, H.; Anforderungen an den Reinraum aus der Sicht
Pfitzner, L.: der Halbleitertechnologie.
CONCEPT Symposium Fortschritte der
Reinraumtechnik Frankfurt, November 1985.

/11/ N. N.: Halbleiterfertigung als Trendsetter, Reine Räume.
In: Hard and Soft (1986) Nr. 7/8.

/12/ Schmidt, U.: Reinraumtechnik in der Industrie.
In: Humane Produktion-Humane Arbeitsplätze
(1986) Heft 5.

/13/   Schmutz, W.;   Forschung und Entwicklung für die Halbleitergeräte-
        Schraft, R.-D.:   Industrie.
                            In: GME-Fachbericht anläßlich der Productronica,
                            München: vde-Verlag, 1989 Nr.5, S. 101-113.

/14/   Gräber, H.:   Reinraumtechnik für Mega Chip Entwicklung.
                            In: Technik am Bau, Sonderheft Reinraumtechnik
                            (1987), S. 41-43.

/15/   Geißinger, J.:   Grundlagen zur Entwicklung reinraumtauglicher
                            Handhabungssysteme.
                            Dissertation, Springer Verlag 1989.

/16/   Tauscher, W.:   Technologie der reinen Räume.
                            Augsburg: Verlag für Chemische Industrie,
                            1982/83.

/17/   Meszaros, I. R.;   HVAC for high-tech products
        Nishimura, M.:   In: ASHRAE Journal (August 1986), S. 40-44.

/18/   Suzuki, Y.;   Super Cleanroom Technology: A High-Tech
        Oikawa, S.;   Balancing Act.
        Sekiguchi, T.:   In: Microcontamination (September 1988), S. 59-65.

/19/   Morrison, P. W.;   Clean Rooms for VLSI Fabrication.
        Yevak, R. J.:   In: Semiconductor International (May 1985),
                            S. 208-214.

/20/   Hoborn, J.:   Mensch, Bekleidung und Reinraumtechnik.
                            In: Reinraumtechnik IV (1980),
                            Zürich: Schweizerische Gesellschaft für
                            Reinraumtechnik.

/21/   Brunner, A.:   Keim- und Partikelausstreuung in Abhängigkeit der
                            Tätigkeit und Bekleidung.
                            Dissertation, Eidg. Technische Hochschule Zürich,
                            1980.

/22/   Thebault, H.:   An Overview on Contamination Control in Micro-
                            electronics-Next Decade High Lights.
                            Proceedings of the 8th International Symposium on
                            Contamination Control,
                            Milano: Associazione per lo Studio ed il Controllo
                            della Contaminatione Ambientale 1986, S. 939-950.

/23/   Chesnut, A.;
       Singer, P. H.;
       Kearney, K.:
Robotic Systems Enhance Manufacturing Efficiency.
In: Semiconductor International (October 1988),
S. 58-62.

/24/   Harper, J. G.;
       Bailey, L. G.:
Flexible Material Handling Automation in Wafer
Fabrication.
In: Solid State Technology (July 1984), S. 89-98.

/25/   N. N.:
Automation removes contaminants from fabrication
lines.
Carrollton, Texas: Thesis Group Inc.

/26/   Schraft, R.-D.;
       Geißinger, J.:
Trennung von Mensch und Produkt.
In: Reinraumwelt (1989) Nr. 4, S. 12-14.

/27/   N. N.:
Federal Standard 209 d.
Cleanroom and Work Station Requirements,
Controlled Environment, Oktober 1988.

/28/   N. N.:
VDI 2083 Reinraumtechnik.
Blatt 1: Grundlagen, Definitionen und Festlegung der
Reinheitsklassen (1976),
Blatt 2: Bau, Betrieb, Wartung (1977),
Blatt 3: Meßtechnik (1983),
Düsseldorf: VDI Verlag.

/29/   Bauer, H.:
Abnahme- und Überprüfungsmessungen von
Reinen Räumen.
Vortrag anläßlich des VDI-Seminars Fertigung und
Montage unter Reinraum Bedingungen, Stuttgart,
November 1989.

/30/   Masuch, J.:
Turbulenzuntersuchungen in reinen Räumen mit
turbulenzarmer Verdrängungsströmung zur Bewertung
des Einflusses verschiedenartiger Störungen auf das
Strömungsfeld.
VDI Bericht 654, Perspektiven der Reinraumtechnik,
Stuttgart 1987.

/31/   Fitzner, K.:
Gleichmäßige Luftabsaugung an großflächigen
Reinräumen mit Treibdüsen.
VDI Berichte 783, Entwicklungstrends in der
Reinraumtechnik, Stuttgart 1989, S. 1-20.

/32/   Shahani, C. M.:
Asymmetrical Laminar Flow for Cleaner Work-Spaces.
Proceedings of the 8th ICCCS Symp., Milan 1986,
S. 241-248.

/33/   Rakozcy, T.:   Design of clean production areas-Large clean room
                             areas for flexible utilization, especially for
                             microelectronics.
                             Proceedings of the 8th ICCCS Symp., Milan 1986,
                             S. 830-842.

/34/   Rakoczy, T.:   Gestaltung von Reinraumdecken mit Luftstrahlen.
                             VDI Berichte 693, Problemlösungen in der
                             Reinraumtechnik, München 1988.

/35/   Sodec, F.:   Laboruntersuchungen über die Luftströmung in reinen
                             Räumen.
                             In: Technik am Bau Sonderheft Reinraumtechnik
                             (1987), S. 15-17.

/36/   Akabayashi, S.;   Visualization of Air Flow around Obstacles in Laminar
       Murakami, S.;   Flow Type Clean Room with Laser Light Sheet.
       Kato, S.;   Proceedings of the 8th ICCCS Symp., Milan 1986,
       Chirifu, S.:   S. 691-697.

/37/   Loew, W.:   Der Luftentnahmeraum beeinflußt das Strömungsbild.
                             In: Reinraumtechnik (1988) Nr. 5, S. 24-30.

/38/   Zeiner, F.:   Moderne Reinraum-Systeme.
                             Neckartailfingen: Daltrop & Dr. Ing. Huber GmbH
                             & Co. 1987.

/39/   Austin, P. R.:   Design and Operation of Clean Rooms.
                             Birmingham Mich.: Business News Publishing
                             Company, 1970.

/40/   Westermayr, J.:   Reinraumtechnik.
                             Stuttgart: Meissner & Wurst GmbH & Co, 1987.

/41/   N. N.:   Reinraum-Technik.
                             Zürich: Luwa AG.

/42/   Ertl, J.:   Die Halbleiter-Fertigung auf dem Weg zum
                             64 Megabit-Chip,
                             Komplexe Aufgaben für Anlagenhersteller und
                             Prozeßbetreiber.
                             In: Reinraumtechnik (1990) Nr. 2, S. 51-54.

/43/   Burnett, J.:   Why Class I Practice.
                             In: Microcontamination (May 1985), S. 32-36.

/44/   Müller, K. G.:   Siebenteiliges Gesamtwerk konzipiert.
In: Reinraumtechnik (1988) Nr.3/4, S. 16-20.

/45/   v. Kahlden, Th.;
Geißinger, J.;
Degenhart, E.:   Richtlinienentwurf.
In: Reinraumtechnik (1989) Nr. 5, S. 42-45.

/46/   Lippold, H. J.;
Reichert, F.:   Hochleistungs-Schwebstoffilter für die
Reinraumtechnik.
VDI Berichte 693, Problemlösungen
in der Reinraumtechnik, München 1988.

/47/   N. N.:   DIN 24184 Typenprüfung von Schwebstoffiltern.
Berlin: Beuth Verlag, 1974.

/48/   N. N.:   Reinraumtechnik-Grundlagen und Anwendungen.
Zürich: Luwa AG.

/49/   Bartz, H.:   Miniaturisierung in der Elektronikfertigung: Eine
Herausforderung für die Reinraumtechnik.
In: Elektronik, Produktion & Prüftechnik
(1986) Heft 7/8.

/50/   Westermayr, J.:   Reine Räume mit turbulenzarmer
Verdrängungsströmung.
Stuttgart: Meissner & Wurst GmbH, 1986.

/51/   Berendt, R.:   Reinraumtechnische Ausführungs- und
Anwendungsbeispiele.
VDI Bericht 654, Perspektiven der
Reinraumtechnik, Stuttgart 1987.

/52/   Detzer, R.:   Reine Räume mit turbulenter Luftversorgung
Symposium Reinraumtechnologie.
Haus der Technik, Essen, Oktober 1987.

/53/   Franke, H.:   Lexikon der Physik.
Stuttgart: Franckh'sche Verlagsbuchhandlung,
W. Keller und Co., 3. Auflage 1969.

/54/   Schlichting, H.;
Truckenbrodt, E.:   Aerodynamik des Flugzeugs, Band 1.
Heidelberg: Springer Verlag, 1967.

/55/ N. N.: Mikroelektronik: Höchste Anforderungen an reinraumtechnische Problemlösungen, Reinraumtechnik, Grundlagen und Anwendungen. Zürich: Luwa AG, 1986.

/56/ Kreuter, V.; Wenz, G.: Reinheitsanforderungen in einer Pilotlinie zur Herstellung höchstintegrierter Schaltkreise. In: VDI-Berichte Nr. 693, Problemlösungen in der Reinraumtechnik, München 1988, S. 229-233.

/57/ Herz, R.: Partikelmessung nach Maß. In: productronic (1989) Nr. 9, S. 34-40.

/58/ Gebhart, J.: Laserpartikelzähler Prinzip, Einsatz, Fehlergrenzen. In: Swiss Chem. 8 (1986) Nr. 6, S. 29-35.

/59/ Bartz, H.: Partikelkontrolle in Gasen. In: Reinraumtechnik (1987) Nr. 5/6, S. 10-15.

/60/ Liu, B. Y. H.; Berglund, R.; Agarwal, J.: Experimental Studies of Optical Particle Counters. in Atmosphery Environment Vol. 8. Great Britain: Pergamon Press 1974, S. 717-732.

/61/ N. N.: Clean Room Condensation Nucleus Counter Operators Manual. St. Paul MN: TSI Inc., 1986.

/62/ Keady, P. B.; Quant, F. R.; Gilmore, I. S.: A Condensation Nucleus Counter for Measuring Submicron Particles in Cleanrooms. 8 th International Symposium of Contamination Control, Milan, Sept. 1986, S. 136-139.

/63/ Helsper, C.: Kondensationskernzähler in der Reinraumtechnik. In: Aerosol Technologie Seminar Partikelmeßtechnik in Reinen Technologien, Pallas GmbH, Karlsruhe 1988.

/64/ N. N.: Luwa Sterilluft Verteiler Typ CG mit laminarer Verdrängungsströmung. Frankfurt: Luwa GmbH.

/65/ Schicht, H.: Neue Reinheitsklassen-Auswirkungen auf die Luftfiltrierung und Luftführung. VDI Bericht 654, Perspektiven der Reinraumtechnik, Stuttgart, 1987.

/66/ Schraft, R.-D.;   Evaluation of Semiconductor Manufacturing
     Schmutz, W.;   Equipment with Respect to Particle Generation.
     Herz, R.;   Proceedings of the 9th International Symp. on
     v. Kahlden, Th.:   Contamination Control, Los Angeles 1988, S. 54-59.

/67/ Detzer, R.:   Partikelausbreitung in Reinräumen.
                          VDI Berichte 783, Entwicklungstrends in der
                          Reinraumtechnik, Stuttgart 1989, S. 21-28.

/68/ Ruck, B.:   Lasermethoden in der Strömungstechnik.
                          Stuttgart: AT-Fachverlag GmbH, 1990.

/69/ Leder, A.:   Laser-Doppler-Untersuchungen und einige
                          theroretische Überlegungen zur Struktur von
                          Totwasserströmungen.
                          Fortschr.-Ber. VDI-Z. Reihe 7 Nr. 78,
                          Düsseldorf: VDI-Verlag, 1983.

/70/ Eissing, G.;   Klima und Luft am Arbeitsplatz, Meßtechnisches
     Köck, P.;   Taschenbuch für den Betriebspraktiker.
     Ohl, B.:   Köln: Wirtschaftsverlag Bachem, 1986.

/71/ Freymuth, P.:   A Bibliography of Thermal Anemometry.
                          St. Paul MN: TSI Inc., 1982

/72/ Ermshaus, R.:   Hitzdrahtanemometrie.
                          Hochschulkurs an der Universität Karlsruhe, 1987.

/73/ Busnaina, A. A.;   Modeling of Fluid Flow in Cleanrooms and Processes.
     Abuzied, S.;   Proceedings of the 9th ICCCS International Symp. on
     Sharif, M.:   Contamination Control, Los Angeles 1988.

/74/ Shaumugavelu, I.;   Numerical Simulation of Flow Fields in Clean Rooms.
     Kuehn, T. H.;   33rd Annual Technical Meeting, Institute of
     Liu, B. Y. H.:   Environmental Sciences, San Jose Cal. 1987.

/75/ Kato, S.;   Study on Air Flow in Conventional Flow Type
     Muramaki, S.;   Clean Room by Means of Numerical Simulation and
     Chirifu, S.:   Model Test.
                          Proceedings of the 8th ICCCS Symp., Milan 1986,
                          S. 781-791.

/76/ Busnaina, A. A.:   Modeling of Clean Room Air Flow and Contaminant
                          Particle Transport.
                          Microelectronic Manufacturing and Testing
                          (April 1989), S. 67-69.

/77/   Milberg, J.;   Strömungssimulation als Planwerkzeug.
      Fischbacher, J.:   In: Reinraumtechnik (1989) Nr. 5, S. 9-15.

/78/   Schlichting, H.:   Grenzschicht-Theorie.
                                Karlsruhe: Verlag G. Braun, 1982.

/79/   Merzkirch, W.:   Flow Visualization.
                                London: Academic Press, 1987.

/80/   Reznicek, R.:   Flow Visualization V.
                                Proceedings of the Fifth Int. Symp. on Flow
                                Visualization, Prague 1989
                                Washington: Hemisphere Publ. Corp., 1990.

/81/   Schmitt, F.;   Laserlichtschnittverfahren zur qualitativen
      Ruck, B.:   Strömungsanalyse.
                                In: Laser und Optoelektronik (1986) Nr. 2, S. 107-118.

/82/   Van Dyke, M.:   An Album of Fluid Motion.
                                Stanford CA: The Parabolic Press, 1982.

/83/   Settles, G. S.:   Modern Development in Flow Visualization.
                                In: AIAA Journal Vol. 24 August 1986 No. 8,
                                S. 1313-1323.

/84/   Nakayama. Y.:   Visualized Flow.
                                Pergamon Press, 1988.

/85/   Hjelmfelt, A. T.;   Motion of Discrete Particles in a Turbulent Fluid.
      Mockros, L. F.:   Appl. Sci. Res. Vol. 16 (1965), S. 149-161.

/86/   N. N.:   Cleanroom Air Flow Visualization Fogger Model 2000.
                                Minneapolis: MSP Corporation, 1988.

/87/   Beiser, L.:   Laser Scanning Systems.
                                Laser Applications, Ross, M. (ed.), Vol.2 (1974),
                                New York: Academic Press

/88/   Ohmi, T.:   Ultra Clean Technology and it's Impact on Future
                                Production Structures.
                                In: GME-Fachbericht 5 anläßlich der Productronica,
                                München: vde-Verlag 1989, S. 7-8.

/89/   Krauß, H.:   Provision of High Purity Chemicals at the 'Point of
                                Use' with the Selectimat Supply System.
                                Vortrag anläßlich der Productronica
                                München, November 1987.

/90/ Warnecke, H.-J.;   Investigation of Particle Generation in Liquid
      Herz, R.:   Supply Systems.
                         Solid State Technology / Contamination Control
                         Supplement, Oktober 1988.

/91/ Herz, R.:   Verfahren zur Prüfung der Partikelkontamination in
                         Versorgungssystemen für hochreine Flüssigkeiten.
                         Dissertation, Springer Verlag 1989.

/92/ Cooper, D.:   Particulate Contamination and Microelectronics
                         Manufacturing: An Introduction.
                         In: Aerosol Sci. Techn. (1987) Nr.5, S.287-299.

/93/ Fißan, H.:   Partikeltransport zu Produktoberflächen.
                         VDI Berichte 654, Perspektiven der Reinraumtechnik,
                         Stuttgart 1987.

/94/ Stratman, F.:   Suppression of Particle Deposition to Surfaces by
                         Thermophoretic Force.
                         In: J. Aerosol Sci., Vol. 18 (1987) No. 6,
                         S. 651-654.

/95/ Liu, B. Y. H.;   Particle Deposition on Semiconductor Wafers.
      Kang-ho, A.:   In: J. Aerosol Sci. and Tech. (1987) No. 6,
                         S. 215-224.

/96/ Warnecke, H.-J.;   Equipment als Partikelquelle und deren Detektion.
      v. Kahlden, Th.;   In: Aerosol Technologie Seminar 1988
      Klumpp, B.;   Partikelmeßtechnik in reinen Räumen
      Geißinger, J.:   Pallas GmbH, Karlsruhe.

/97/ Holländer, E.:   Mikrokontaminationskontrolle.
                         In: Swiss Contamination Control (1988) Nr. 2,
                         S. 15-20.

/98/ Hattori, T.;   Detecting and Identifying Equipment-Generated
      Koyata, S.:   Particles for Yield Improvement.
                         In: Microcontamination (September 1989),
                         S. 41-44.

/99/ N. N.:   Verbundprojekt Reinraumtauglichkeit von
                         Anlagenkomponenten.
                         BMFT Forschungsvorhaben NT 2744/4 des
                         Fraunhofer-Institutes IPA, Stuttgart, 1989.

/100/ Warnecke, H.-J.;   Procedures for Testing Clean Room Suitability of
       v. Kahlden, Th.;   Manufacturing Equipment.
       Geißinger, J.;   In: Defect Control and Related Yield Management,
       Degenhart, E.:   STEP Europe Conference, Brussels, October 1988.

/101/ N. N.:   VDI 2083 Reinraumtechnik.
                          Blatt 8 (Entwurf); Reinraumtauglichkeit von
                          Anlagenkomponenten (1989).

/102/ Warnecke, H.-J.;   Strömungsuntersuchungen an Anlagenkomponenten
       Degenhart, E.:   und Fertigungsgeräten für den Reinraumeinsatz.
                          Vortrag anläßlich des VDI-Seminars Fertigung und
                          Montage unter Reinraumbedingungen, Stuttgart,
                          November 1989.

/103/ N. N.:   Unfallverhütungsvorschrift Laserstrahlen.
                          BAGUV, GUV 2.20, 1986.

/104/ N. N.:   54 N 50 Low Velocity Flow Analyzer Mark II.
                          Skovlunde Denmark: Dantec, 1985.

/105/ N. N.:   Climet CI 6300 Laser Based Airborne Particle
                          Counter. Operators Manual,
                          Red Lands: Climet Instruments Co., 1987.

/106/ Homann, F.:   Einfluß großer Zähigkeit bei Strömung um Zylinder.
                          In: Forschung auf dem Gebiet des Ingenieur-Wesens
                          (1936) Nr. 7, S. 1-10.

/107/ v. Karman, Th.:   Über den Mechanismus des Widerstandes, den ein
                          bewegter Körper in einer Flüssigkeit erzeugt.
                          Nachr. Ges. Wiss. Göttingen, Math. Phys. Klasse 1911,
                          S. 509-517.

/108/ Roshko, A.:   On the development of turbulent wakes from
                          vortex streets.
                          NACA Rep. 1191, 1954.

/109/ Stock, H. W.;   A simplified e^n-method for transition prediction in
       Degenhart, E.:   two-dimensional, incompressible boundary layers.
                          Z. Flugwiss. Weltraumforsch. (1989) Nr. 13, S. 16-30.

/110/ Mack, L. M.:   Boundary Layer Stability Theory.
                          Special Course on Stability and Transition of
                          Laminar Flow,
                          AGARD Report No. 709, 1984.

/111/ N. N.: DIN 24041, Lochplatten, April 1973.

/112/ Warnecke, H.-J.; Turbulenzuntersuchungen im Reinraum -
       Degenhart, E.: Auswirkungen auf die Umströmung sowie die
                       Partikelausbreitung im Nachlauf von Bauteilen.
                       In: Reinraumtechnik (1990) Nr. 4, S. 41-47.

/113/ Althaus, D.; Stuttgarter Profilkatalog I.
       Wortmann, F. X.: Braunschweig: Vieweg Verlag 1981.

/114/ Walz, A.: Strömungs- und Temperaturgrenzschichten.
                  Karlsruhe: Verlag G. Braun, 1966.

/115/ Truckenbrodt, E.: Strömungsmechanik.
                         Heidelberg: Springer Verlag, 1968.

/116/ N. N.: E1 STD. 5-84
               Semi Standard 150 mm Plastic and Metal Wafer
               Carriers, General Usage (Proposed)
               SEMI 1984, 1985.

/117/ Warnecke, H.-J.; Strömungsausbildung an Fertigungsgeräten für
       v. Kahlden, Th.; den Reinraum-Einsatz.
       Geißinger, J.; In: productronic (1988) Nr. 11, S. 84-86.
       Degenhart, E.:

/118/ Warnecke, H.-J.; Reinraumtaugliche Fertigungseinrichtungen -
       Degenhart, E.: Auslegung unter strömungstechnischen Gesichts-
                       punkten.
                       In: Reinraumtechnik (1989) Nr. 3/4, S. 38-42.

/119/ Degenhart, E.; Clean Equipment Design of Manufacturing Devices
       Geißinger, J.: and Components.
                       In: Ultra Clean Technology,
                       STEP Europe Conference, Brussels, October 1990.

/120/ N. N.: LPM Linien Profil Messung.
               Heidelberg: Leica Lasertechnik GmbH.

IPA Forschung und Praxis

Schriftenreihe aus dem Institut für Produktionstechnik und Automatisierung, Stuttgart

Herausgeber: Prof. Dr.-Ing. H. J. Warnecke

Stufenweise Ableitung eines praktischen Planungssystems für den Entwicklungsbereich
Von R. Hichert. ISBN 3-7830-0149-8.
1978, 151 Seiten, kartoniert.   52.— DM

Produktionsplanung mit Auftragsfamilien
Von U. W. Geitner. ISBN 3-7830-0161.7.
1979, 110 Seiten, kartoniert.   45.- DM

Thermisch-chemisches Entgraten
Von T. Wagner. ISBN 3-7830-0164-1.
1979, 111 Seiten, kartoniert.   45.-- DM

Untersuchung der Materialflußkosten bei ausgewählten Systemen der Zentralen Arbeitsverteilung
Von R. Wenzel. ISBN 3-7830-0162-5.
1979, 168 Seiten, kartoniert.   86.- DM

Anpassung und Einführung eines Planungssystems für die Ablaufplanung im Konstruktionsbereich
Von W. Dangelmaier. ISBN 3-7830-0163-3.
1979, 168 Seiten, kartoniert.   80.-- DM

Längenmessungen an bewegten Teilen mit berührungslos wirkenden Aufnehmern
Von H. Lang. ISBN 3-7830-0157-9
1979, 89 Seiten, kartoniert.   42.- DM

Untersuchung multistabiler Strömungselemente und ihr Einsatz in sequentiellen Steuerungen
Von A. Ernst. ISBN 3-7830-0157-9.
1979, 122 Seiten, kartoniert.   48.-- DM

Taktile Sensoren für programmierbare Handhabungsgeräte
Von M. Schweizer. ISBN 3-7830-0158-7.
1979, 91 Seiten, kartoniert.   42.- DM

Die rechnerunterstützte Prüfplanung
Von P. Blasing. ISBN 3-7830-0152-8.
1979, 100 Seiten, kartoniert.   44.- DM

Verfahren zur Fabrikplanung im Mensch-Rechner-Dialog am Bildschirm
Von W. Ernst. ISBN 3-7830-0156-0.
1979, 218 Seiten, kartoniert.   72.- DM

Rechnerunterstütztes Verfahren zur Leistungsabstimmung von Mehrmodell-Montagesystemen
Von M. Gorke. ISBN 3-7830-0155-2.
1979, 139 Seiten, kartoniert   50.-- DM

Standortbezogene Betriebsmittel
Von G. Pflieger. ISBN 3-7830-0167-6.
1979, 127 Seiten, kartoniert.   52.- DM

Die betriebswirtschaftliche Beurteilung neuer Arbeitsformen
Von B.-H. Zippe. ISBN 3-7830-0168-4.
1979, 350 Seiten, kartoniert.   98.-- DM

Untersuchung des Arbeitsverhaltens programmierbarer Handhabungsgeräte
Von B. Brodbeck. ISBN 3-7830-0169-2.
1979, 117 Seiten, kartoniert.   48.- DM

Untersuchung eines kohärent-optischen Verfahrens zur Rauheitsmessung
Von N. Rau. ISBN 3-7830-0174-9
1979, 117 Seiten, kartoniert.   48.-- DM

Entwicklung einer programmierbaren, pneumatischen Steuerung
Von D. Klemenz. ISBN 3-7830-0171-4.
1979, 93 Seiten, kartoniert.   42.-- DM

IPA Forschung und Praxis

Berichte aus dem Fraunhofer-Institut für Produktionstechnik und Automatisierung, Stuttgart, und dem Institut für Industrielle Fertigung und Fabrikbetrieb der Universität Stuttgart

Herausgeber: Prof. Dr.-Ing. H. J. Warnecke

IPA-IAO Forschung und Praxis

Berichte aus dem Fraunhofer-Institut für Produktionstechnik und
Automatisierung (IPA), Stuttgart, Fraunhofer-Institut für Arbeitswirtschaft
und Organisation (IAO), Stuttgart, und Institut für Industrielle Fertigung
und Fabrikbetrieb der Universität Stuttgart

Herausgeber: Prof. Dr.-Ing. H. J. Warnecke und Prof. Dr.-Ing. H.-J. Bullinger